색다른 수학의 발견

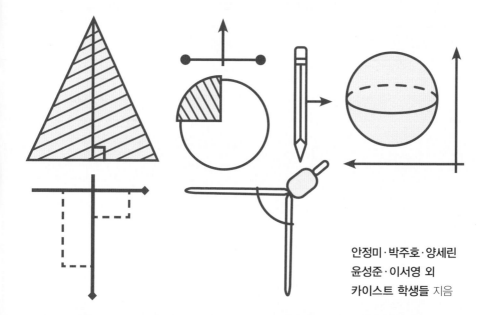

안정미·박주호·양세린
윤성준·이서영 외
카이스트 학생들 지음

색다른 수학의 발견

카이스트 과학도들이 들려주는 슬기로운 수학 생활

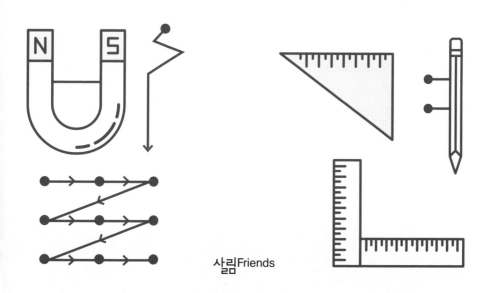

살림Friends

차례

제1부 수학, 너는 내 운명!

제2부 알아두면 쓸 데 있는 신비한 수학 지식

제3부 카이스트 학생들이 들려주는 수학 공부법

제4부 色다른 수학 이야기! 어디까지 상상해봤니?

우리 시대 청소년들에게
따뜻한 응원이자 격려로 읽히길

숫자는 은하수만큼 아름답고 우주만큼 경이롭다. 숫자는 우주와 독립적으로 존재할 수 있지만, 우주는 숫자 없이 존재할 수 없다. 수들 간의 관계를 탐구하는 수학은 그래서 그 자체로 아름답고, 또 우주의 근본 원리만큼이나 경이로운 것이다. 우리가 다음 세대에게 물려주어야할 가장 중요한 지적 유산은 수식을 문제에 대입해서 답을 내는 능력이 아니라, 수학이 품고 있는 아름다움과 경이로움 그 자체여야 한다.

아름다움이 거세된 수학 교과서와 경이로움이 생략된 수학 수업에서 학생들은 과연 무엇을 배웠을까? 문제 풀이의 경쟁에선 이겼지만, 수학이 마음에 생채기 하나쯤은 남겼을 법한 카이스트 학생들에게 수학은 과연 어떤 의미였을까? '수포자'들 사이에서 '수학 지옥'을 관통

한 그들이 발견한 수학의 의미는 도대체 무엇이었을까?

『색다른 수학의 발견』은 그 실마리를 솔직하게 담아낸 '내밀한 고백 모음'이다. 우리 시대 청소년들이라면 누구나 공감할 이 책이 그들에게 따뜻한 응원이자 격려로 읽혔으면 좋겠다.

– 정재승(뇌과학자, 『열두 발자국』 저자)

수학도 재미있을 수 있네요!

카이스트 인문사회과학부에서는 카이스트 학생들의 공동체 의식을 기르고 글쓰기에 관심을 제고하기 위해 2012년부터 '내가 사랑한 카이스트, 나를 사랑한 카이스트(내사카나사카) 글쓰기 대회'를 개최하고, 또 수상 작품을 모아 내사카나사카 총서를 출간해오고 있습니다. 그동안 『카이스트 공부벌레들』 『카이스트 명강의』 『카이스트 영재들이 반한 과학자』 『과학이 내게로 왔다』 『과학하는 용기』 『카이스트 학생들이 꼽은 최고의 SF』가 출간되었습니다. 카이스트에서 공부하게 된 학생들의 입장에서는 자신의 경험을 돌아보고 앞날의 공부와 생활을 그려보는 계기가 된 글들이 카이스트 바깥의 많은 독자에게는 과학, 과학도, 과학자, 과학 하기 같은 약간은 낯설거나 편하지 않은 대상을 가볍게 마주치는 기회가 되었습니다. 그동안 출간된 책 가운데 『카이스트 영재들이 반한 과학자』는 '세종도서 교양부문'에, 『과학이 내게로 왔다』는 '대한출판문화협회 올해의 청소년 도서'에, 『과학 하는 용기』는 '한국과학창의재단 우수 과학 도서'에 선정된 바 있습니다. 카이스트 학생들의 글쓰기 능력을 고양할 뿐만 아니라 대외적으로 카이스트 학생들의 역량을 널리 알리고, 또 과학적 사고와 과학자의 생활을 친숙하게 전달하는 글을 출판하여 과학의 대중화에 기여한다는, 출발 당시의 목표를 잘 수행해오고 있는 셈입니다.

올해에는 '카이스트 학생들의 수학 이야기'를 주제로 제7회 대회를 개최했고, 그중 우수작을 모은 이 책은 일곱 번째 책입니다. 7년이란 꽤 긴 시간을 꾸준히 이어온 작업이 되었습니다. 이 작업을 주관하는 입장에서는 매번 주제를 잡는 것이 제일 어렵습니다. 어떤 주제로 쓰는 것이 글을 쓰는 학생도 즐겁고 그 결과물을 읽는 독자도 흥미로워할까 고민하는 것이지요. 그동안 카이스트 학생들의 일상생활을 다루는 것을 거쳐 이번에는 구체적인 분야로 들어가서 경험을 듣고 비법을 전수받는 장을 만들어보고자 했습니다. 그 결과물이 이번 책『색다른 수학의 발견』입니다.

대한민국은 '수학' 점수는 높지만 수학 자체를 싫어하거나 두려워하는 학생이 많고, '수포자'가 속출하는 나라라고 합니다. 그렇다면 수학에 흥미를 가지고 능력을 보이는 것 같은 카이스트 학생들은 어떠했을까? 정말 수학을 좋아하고 있을까? 수학을 어떻게 공부하고 또 공부 과정에서 난관을 어떻게 돌파했을까? 수학 공부가 자신의 삶에 어떤 식으로 연관을 가진다고 생각하며 무슨 의미를 부여하고 있는 것일까? 너무 딱딱하지는 않을까? 어떤 글이 나올지 궁금했습니다. 글을 받아보니 의외로 재미있었습니다. '수포자'에서 벗어나 수학을 사랑하게 되기까지의 과정, 먼저 공부한 선배로서 고생했던 대목을 후배에게 자상하게 가르쳐준 경험, 한국 문학 연구를 전문으로 하는 필자 같은 사람도 그럭저럭 알아들을 수 있도록 수학의 공식이나 정리를 쉽게 설명해주는 글 등, 이 '골치 아픈' 수학을 가지고도 참 다양한 이야기를 쓰고 있습니다.

책 한 권이 나오는 데는 여러 분의 도움이 있었습니다. 이 자리를 빌려 감사드리고 싶습니다. 언제나처럼 학생정책처 이영훈 처장님의 지원이 바탕이 되었습니다. 또한 이번에는 특별히 수학에 관한 전문적인 내용도 있고 해서 수학을 전공하신 분의 감수를 받는 것이 좋겠다고 생각해, 수리과학과 이용남 학과장님께 가능한 분을 소개해주시기를 부탁드렸더니 선뜻 주선해주셨습니다. 그래서 김동수 교수님과 박사과정의 엄태현 선생님께서 애정을 가지고 학생들의 글을 읽고 수학적인 부분뿐만 아니라 글의 표현까지, 꼼꼼하게 지적하고 고쳐주셨습니다. 수리과학과 선생님들 덕분에 훨씬 자신 있게 책을 낼 수 있게 되었습니다.

이 프로그램의 목표 중에는 학생들이 직접 책을 만들어보도록 하는 것이 있어서 매번 학생편집위원회를 꾸려 원고 정리 및 교정, 편집의 과정을 출판사와 함께 해왔습니다. 이번에도 마찬가지인데, 특히

나 무더웠던 올 여름에 동료 학생 필자들에게 원고 마무리해달라고 독촉하고, 받은 원고 교열하고, 필요한 시각 자료를 찾고 글도 써넣느라고 학생편집위원 여러분은 더 많은 땀을 흘렸을 것입니다. 학생들의 글을 잘 매만져서 보기 좋고 읽기 좋게 깔끔한 책으로 만들어주신 살림출판사 편집부의 섬세한 손길에도 감사드립니다.

여러 독자들의 사랑을 부탁드립니다.

— 이상경(카이스트 인문사회과학부 교수)

닮았지만 선형독립적인
스물여덟 편의 이야기

수학을 잘하는 천재 소년(또는 소녀)이 나오는 드라마나 영화를 보면, 그 천재들이 바라보는 세상은 항상 수식으로 가득 차 있습니다. 현상을 보기만 해도 수학적인 기호들이 써 내려가지고, 머릿속에서는 여러 가지 수식을 통해 세상을 해석해나갑니다. 이런 캐릭터들을 보면서 카이스트 학생들도 그렇지 않을까라는 생각이 들었거나, 카이스트라는 단어만 떠올려도 카이스트 학생들도 그렇지 않겠냐는 생각이 함께 들었다면, 꼭 이 책을 읽어주시기 바랍니다.

사실 이 글을 쓰고 있는 저는 그런 천재들과는 거리가 많이 먼, 그저 수학이 두려운 소녀였습니다. 잘하냐 못하냐를 넘어서, 수학이라는 학문이 주는 차갑고 날카로운 이미지에 지레 겁을 먹곤 했습니다.

그러다보니 수학과 거리를 두게 되고 수학에 대해 깊이 생각해볼 기회가 없었습니다. 그저 열심히 수학 문제를 풀어서 맞으면 기뻐하고 틀리면 슬퍼하는, 해야 하니까 어쩔 수 없이 수학을 공부하는 평범한 학생이었습니다. 저와 같은 경험이 조금이라도 있는 분도 이 책을 꼭 읽어주시기 바랍니다.

이 책에는 카이스트 학생들이 바라본 수학에 관한 이야기가 실려 있습니다. 대한민국에서 수학 좀 한다는 카이스트 학생들과 수학이라는 '최종 보스'의 사이는 $y = ax + b$와 같이 일차방정식의 단순한 관계로 쉽게 정의되지 않습니다. 수학과 과학이 떼려야 뗄 수 없는 사이이듯 과학을 하는 카이스트 학생과 수학 또한 떼려야 뗄 수 없는 사이입니다. 하지만 수학을 대하는 그 복잡 미묘한 감정들은 어떤 수학 공식보다 복잡하고 심오합니다. 수학이 일상과 다를 바 없어서 마치 공기를 마시는 것처럼 수학이 자연스러운 친구도 있고, 수학을 특별한 이벤트로 바라보는 친구도 있습니다. 수학을 두려워하는 마음과 경외하는 마음 사이에서 고민하는 친구도 있고, 좋아하는 감정과 미워하는 감정 그 사이 어딘가에서 연속적인 스펙트럼을 그리는 친구도 있습니다. 이렇듯 제각기 다양한 감정을 가지고 있지만, 어느 한 명도 빠짐없이 진솔하게 수학을 마주합니다. 이런 학생들이 수학을 하면서 느낀 점을 거짓 없이 생생하게 담아내기 위해 노력했습니다.

카이스트 학생들의 수학 이야기를 들으며 '원래 똑똑했으니까 저렇게 말할 수 있는 거겠지' '원래 수학을 잘했으니까 수학이 재미있겠지'라고 생각하실 수도 있습니다. 마치 수능 만점 받은 학생이 국·영·수를 중심으로 철저히 예습 복습하는 게 비결이라고 말하는 것 같은 느낌이 들 수도 있습니다. 하지만 그렇다고 해서 책을 덮지는 않으셨으면 좋겠습니다. 카이스트 학생들의 이야기를 한 줄 한 줄 읽어 내려가다보면 이들의 시작도 다른 사람과 마찬가지로 수학에 대한 조금의 관심이었다는 사실을 알 수 있습니다. 다만 그 후에 자신만의 기준을 세우고 묵묵히 수학을 알아가기 위해 노력해왔다는 것을 느끼실 수 있을 것입니다. 카이스트 학생들이라고 해서 태어나면서부터 미분과 적분을 하고 원주율을 1024자리까지 외우지는 않았으니까요. 어떤 부분은 너무 당연한 이야기라고 생각할 수도 있고, 어떤 부분은 거짓말 같을 수도 있지만, 그 속에서 카이스트 학생들은 어떻게 수학을 바라보고 있는지 생각해보면 좋겠습니다.

이런 이야기들을 한데 묶은 책이 나오기까지 도움을 주신 모든 분께 감사드립니다. 카이스트 인문사회과학부 글쓰기 수업의 모든 교수님, 그리고 이상경 교수님, 정재승 교수님과 출판사 관계자 여러분께 감사의 마음을 전합니다. 글 속의 수학적 오류를 감수해주신 수학과 김동수 교수님과 박사과정의 엄태현 선생님께도 감사의 말씀을 드립니다. 편집 과정 동안 저희를 있는 힘껏 도와주신 정인지 조교님과 책을 발간하기 위해 편집 작업에 임해준 학생편집부에게도 감사의 말을 전합니다.

마지막으로 이 책을 읽고 계신 모든 분께 감사의 말씀과 함께 응원을 보냅니다. 이 책을 통해 수학이 지닌 여러 가지 면모를 알아가고 수학과의 새로운 관계성을 발견하시기를 진심으로 바랍니다.

– 안정미(내사카나사카 학생편집장)

제1부

수학, 너는 내 운명!

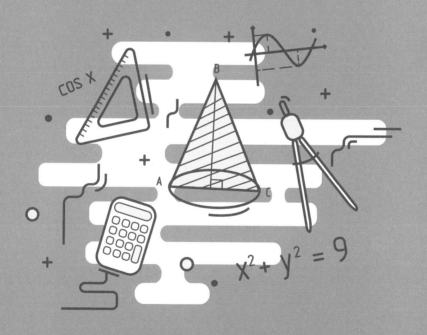

수학으로 본질에 아름다움을 칠하다

물리학과 16 **박시헌**

➕ 오일러의 등식과 초끈 이론

살면서 한 번쯤은 '$e^{\pi i}+1=0$'이라는 수식을 본 적 있을 것이다. 오일러의 등식(Euler's identity)이라 불리는 이 식은 세상에서 가장 아름다운 수식으로 알려져 있다. 복잡한 무리수인 자연 상수 e에 역시나 복잡한 무리수 원주율 π가, 그것도 허수 i와 함께 지수로 올라가 있다. 결과는 보기만 해도 머리가 아플 것 같지만, 알고 보니 1과 0으로 표현할 수 있었다. 해석학을 대표하는 수 e, 기하학을 대표하는 수 π, 그리고 복소수, 정수, 자연수를 대표하는 i, 0, 1을 아주 간결한 등식 하나로 나타낼 수 있다니!

사람들은 이 등식을 보고 경이로운 아름다움을 느꼈다. 심지어 유명한 물리학자 리처드 파인만은 『파인만의 물리학 강의』에서 '이 수식은 보석이다(This is our jewel)'라고 말했다. 오일러의 등식이 보석같이 아름답다는 말이다. 이 '아름다움'은 다른 분야에서도 발견된다. 가장 어려운 물리 이론 가운데 하나인 초끈 이론(Superstring Theory)도 수학의 아름다움과 깊이 연관되어 있다. 초끈 이론은 한마디로 우주를 이루는 모든 입자를 '진동하는 끈'으로 설명할 수 있다는 이론이다. 직접적인 증거는 없지만 많은 물리학자가 믿고 있다. 초끈 이론이 우주를 설명하는 어떤 이론보다 수학적으로 아름다워서다. 과학에서는 무엇보다 실험과 증거가 중요하다. 그런데 이 물리학자들은 증거도 없는데 '수학의 아름다움' 하나만 믿고 초끈 이론 연구에 일생을 바친다. 도대체 수학이 어디가 그렇게 아름답기에 일개 등식을 '보석'이라 부르며 증거도 없는 이론을 따르는 것일까? 나는 수학의 아름다움에 매혹되고 나서야 비로소 이해할 수 있었다.

⊞ 열네 살, 수학을 싫어할 나이

어릴 적에는 수학을 좋아했다. 들어본 사람이 있을지도 모르겠지만 나는 '뫼비우스'와 '프뢰벨 은물'이라는 수학 교구를 통해 수학을 처음 만났다. 두 교구 모두 어린아이들이 놀이처럼 수학에 접근할 수 있도록 돕는다. 덕분에 어린 시절 온종일 이 교구들을 가지고 놀았고, 수학은 놀이만큼 재미있는 대상으로 각인되었다.

하지만 구구단을 접하면서 수학은 기피 대상이 되었다. 초등학교를 나온 대한민국 국민이라면 누구나 구구단에 얽힌 안 좋은 추억이 있을 것이다. 아버지는 나에게 직접 구구단을 가르쳤다. 틀릴 때마다 엄하게 혼내서 엄청 열심히 공부했다. 학교에서는 구구단으로 퀴즈를 풀어야 했다. 틀리면 틀린 단 전체를 열 번씩 옮겨 적어야 했다. 이게 싫어 부정행위를 하다가 크게 혼난 적도 있다. 지금이야 웃어넘길 수 있는 추억이지만 그때는 정말 악몽이었다. 나는 혼나는 게 너무 싫어 내가 외워야 하는 최소한의 내용만 최대한 빨리 외우는 데 집중했다. 아마 그때부터 수학은 '외우는 것'이라는 부정적인 이미지가 생기지 않았나 싶다. 나뿐만 아니라 대부분이 구구단 때문에 수학을 고리타분하고 암기하는 과목으로 생각했을지 모른다. 수학은 지루한 등산과도 같았다. 반복적이고도 무의식적인 행동을 통해 극복해야 하는 하나의 장애물이었다.

수학 혐오는 중학교에 입학하면서 극에 달했다. 그전에 나는 일단 교과서는 건너뛰고 참고서를 펴고 나올 만한 문제들의 풀이 방식을 모조리 외웠다. 초등학교 수학은 문제가 다 거기서 거기라 이런 공부 방식이 대체로 잘 먹혀들었다. 수학을 완전히 극복했다고 착각했다. 하지만 중학교에 입학하면서 수학은 또다시 걸림돌이 되었다. 초등학교 수학 시험은 문제가 워낙 단조로워 시간이 부족한 적이 없었다. 반면 중학교 수학 시험은 다양한 응용문제가 등장하고 문제 수도 많기 때문에 수학 시험을 볼 때마다 시간 부족에 시달렸다. 자연히 문제를 빨리 푸는 방법에 점점 더 집착하게 되었고, 원리나 정의, 개념을 탐구하는 일이 무의미하게 느껴졌다. 이러니 수학이 재미있을 리 있겠는가. 수학이 점점 더 싫어졌다.

➕ 닫힌 문을 열어준 수학 동아리

이상하게도 수학 동아리 활동만큼은 좋아했다. 중학교에서는 1인 1동아리를 권장했다. 딱히 하고 싶은 것이 없던 나는 친구 따라 강남 간다고 수학 동아리에 들어갔다. 친구는 수학을 굉장히 좋아했다. 재미없는 수학을 취미 활동으로 즐기는 친구를 이해할 수 없었다. 친구는 이 동아리 담당 선생님이 수학을 정말 사랑하는 분이라고 알려주었다. 나는 그 선생님에게 수업을 받은 적은 없지만, 친구의 말 한마디에 선생님이 별로 재미없는 분이라고 예상했다. 기껏해야 동아리 시간에 지루한 문제 풀이나 할 줄 알았다.

하지만 동아리 첫 모임부터 선생님은 보드게임을 내밀었다. 수학이 보드게임이랑 무슨 관련이 있는지 몰라 어리둥절했지만, 아무튼 친구들과 보드게임을 하며 재미있게 놀았다. 어렸을 적 가지고 놀던 교구가 생각났다. 다음 동아리 활동 시간에는 탱글먼트 퍼즐(Tanglement Puzzle)을 가져왔다. 서로 엉킨 여러 개의 철제 링을 분리하는 퍼즐인데, 겉보기에 절대 분리되지 않을 것 같아 보인다는 점이 특징이다. 오래 만지면 손에서 쇳가루 냄새가 났지만, 은근 재미있어서 한 시간 넘게 만지작거렸다. 그다음 시간에는 암호 제작과 해독 활동을 했다. 친

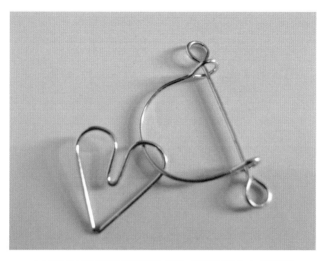

◆선생님이 가져왔던 탱글먼트 퍼즐. 하트를 빼낼 수 있을까?

구가 만든 암호를 풀지 못했던 기억이 난다. 선생님이 준비한 활동은 하나같이 즐거웠다. 삭막한 학교생활에 일주일마다 내리는 단비라고나 할까. 매주 한 번 있는 동아리 활동 시간을 손꼽아 기다렸다.

선생님은 매시간 했던 활동과 수학의 연관성을 설명해주었다. 처음 만나 어색한 분위기도 풀 겸 했던 보드게임을 통해 상대의 움직임을 예측해 최대한 이득을 가져오는 게임 이론을 알게 되었다. 탱글먼트 퍼즐은 복잡한 것도 사실 간단한 것과 같다는 위상수학의 기초와 관련 있다. 암호를 해독하면서 나는 제2차세계대전 당시, 연합국과 추축국의 치열한 두뇌 싸움을 간접적으로나마 느낄 수 있었다. 동아리 활동 하나하나에 중요한 수학 이론이 숨겨져 있었다. 학생들이 어려워하는 수학을 흥미진진한 게임으로 바꾸어 소개하고자 하는 선생님의 노력이 엿보였다. 다른 업무도 많았을 텐데 동아리 활동에 공을 많이 들인 선생님 덕분에 나는 수학에 마음을 조금씩 열었다.

➕ 수학을 사랑한 이유?

일상의 활력소가 된 수학 동아리는 국립과천과학관 견학으로 마지막을 장식했다. 견학 후 대전으로 돌아오는 버스 안에서 나는 우연히 선생님 옆 좌석에 앉았다. 선생님은 고개를 돌려 지금까지 동아리 활동이 재미있었는지 물어보았고, 나는 아주 재미있었고 다음에도 이런 활동을 할 수 있다면 좋겠다고 대답했다. 그러나 선생님은 입에 침이나 바르라고 농담 조로 말했다. 나도 멋쩍은 웃음을 지으며 어떻게 아셨냐고 천연덕스럽게 대답했다. 우리는 한참을 웃었고 많은 이야기를 나누었다.

시간이 지나 떠들썩하던 친구들이 하나둘씩 줄고, 버스의 윙윙거리는 진동만이 고막을 채우자 갑자기 내 머릿속에 질문 하나가 떠올랐다. 오래전에 선생님에게 묻고 싶은 질문이었다. 선생님은 왜 수학을 사랑하시나요? 그러자 선생님은 잠시 고민하더니 "글쎄, 잘 모르겠다. 아마 수학이 본질을 가장 아름답게 표현할 수 있기 때문인 것 같아." 라고 대답했다. 나는 당연히 무슨 말인지 이해하지 못했다. 선생님이 말로 설명하기 힘든 이유를 억지로 표현하느라 아무 말이나 내뱉었다고 생각했다. 지금 돌이켜보면 수학을 사랑하는 이유를 이 문장만큼 잘 표현할 수는 없었는데 말이다.

비록 선생님의 대답을 이해하지는 못했지만 그 후 내 머릿속에 '수학이 내가 생각했던 것처럼 지루하다면 선생님과 같은 사람들이 수학에 그렇게까지 빠지지 않았을 것'이라는 생각이 자리 잡았다. '나도 수학을 좋아해보자'라는 마음에 시간이 날 때마다 도서관에 가서 수학과 관련된 책을 읽었다. 피타고라스, 유클리드, 데카르트, 뉴턴, 가우스, 오일러, 앤드루 와일스, 페렐만 등 여러 수학자의 일화를 읽으면서 고리타분한 수학자만 있지는 않구나 하고 느꼈다. 또 수학 법칙을 발견하기까지 얼마나 많은 사람의 노력이 있었는지 알게 되었다. 뉴턴의 말대로 수천 년 동안 쌓아 올린 '거인의 어깨'가 같은 인류로서 자랑스럽게 느껴졌다. 이 시기에 읽었던 책 가운데 『이야기로 아주 쉽게 배우는 미적분』이 기억에 남는데, 여느 책과 다르게 소설 형식으로 미적분을 소개해 중학생이던 나조차 미적분을 쉽게 이해할 수 있었다. 이 책을 읽으며 미적분이 여러 문제를 쉽게 해결하도록 도와주는 도구라는 사실을 배웠다. 스스로 미적분을 공부했다는 생각에 기분이 좋았고 수학에 자신감이 붙었다. 이렇게 나는 수학 혐오증을 완전히 극복했다.

고등학생이 되어서도 수학에 대한 자신감은 여전했다. 고등학교 수학에 가장 큰 장애물이라는 미적분을 미리 접해본 덕분이었을까, 수업도 어렵지 않았다. 잘 짜인 수학 문제를 풀 때 느끼는 쾌감을 알게 되었다. 물론 공부가 노는 것보다 즐거울 수는 없겠지만, 나는 다른 과목보다 수학을 공부할 때 큰 즐거움을 느꼈다. 하루의 절반 정도를 수학 공부에 사용했는데, 전혀 힘들지 않았고 오히려 좀 더 어렵지만 깔끔한 문제를 갈구했다. 이 글을 읽고 있는 몇몇은 나를 이해하리라 생각한다.

어쨌든 나의 '기묘한' 행위가 학교 수학 선생님 눈에 들었다. 당시 선생님은 교내 수학 모임을 만들 생각이었는데, 내가 모임에 적합하다고 여기고 함께 활동하자고 제안했다. 모임에는 친구들이 대여섯 명 정도 있었다. 각자 마음에 드는 주제를 정해 연구하고 소논문을 쓰는 것이 주된 활동이었다. 나는 간단한 미분방정식을 주제로 연구했는데 생각보다 재미있었다. 아마 복잡한 현상을 간단한 관계식 한 줄로 표현할 수 있다는 사실이 신기했던 것 같다. 누군가는 "시험에도 안 나오는데 쓸데없이 그런 걸 왜 하나"라고 비웃을 수도 있겠지만, 나는 알 수 없는 힘에 이끌려 밤새도록 소논문을 작성했다. 복잡한 것을 간결하게, 이것이 수학의 아름다운 본질일까? 오래전 중학교 동아리 담당 선생님이 주었던 답변을 어렴풋이 알 것만 같았다.

➕ 카이스트에서 답을 찾다!

카이스트는 학생에게 자유로운 환경을 보장하는 학교로 유명하다. 이 때문에 나는 카이스트에 지원했고, 운이 좋게도 합격했다. 카이스트에서 재미있는 강의를 많이 수강했다. 정하웅 교수님의 「고급물리학」

은 교수님과 학생 사이에 벽이 없는 것이 무엇인지 그 끝을 보여주었다. 「한국 시 다시 읽기」는 전봉관 교수님의 입담을 들어서 좋았다. 「서양 음악사」는 학생들이 직접 공연을 해볼 수 있었다. 하지만 가장 흥미로웠던 강의는 스튜어트 교수님의 「수리물리학 I」이었다. 우선 시험 시간이 여덟 시간이나 되는 강의로 유명하다. 시험 시간이 워낙 길다 보니 학생들이 도시락으로 점심을 해결하는 진풍경을 볼 수 있다. 학문 연구는 시간에 제약을 받으면 안 된다는 교수님의 철학이 담겨 있었다. 중학교 때부터 일명 '타임 어택'에 익숙해 있던 나에게 신선한 충격이었다. 스튜어트 교수님의 수업 방식도 유명하다. 교수님은 학생들에게 끊임없이 질문을 던진다. 우리는 질문에 답하며 무엇을 어떻게 정의해야 하는지 그 이유를 배우고, 파생된 성질에서 어떤 방정식이나 분야가 발생하고 또 그 과정은 어떤지 알게 되었다. 강의식 수업보다 얻는 게 많지만 학부 수준에서 이해하기 어려운 내용이 많아 악명이 높다. 특히 초반에 소개하는 '텐서'라는 개념이 어려워 "What is Tensor(텐서란 무엇인가)?"라는 명대사가 유행한 적도 있다. 나도 수강하면서 공부하느라 수많은 밤을 지새웠다. 그래도 마냥 괴롭지만은 않았다. 공부하면서 알게 된 수학적 방법을 통해 다른 방식으로 설명할 때 복잡하고 지저분하게 표현되는 현상을 깔끔하게 나타낼 수 있었기 때문이다. 이는 중학교 은사님이 말했던 "수학은 본질을 가장 아름답게 표현할 수 있기 때문"이라는 말을 이해하는 발판이 되었다.

선생님은 수학이 복잡하고 아리송한 자연현상을 깔끔하게 표현할

◆ 카이스트에는 정말 멋진 명강의가 많다!

수 있기에 수학을 좋아했다고 생각한다. 육체적으로 지쳐도 내가 계속 소논문을 쓰고 「수리물리학Ⅰ」을 공부할 수 있었던 이유와 같다. 지금까지 선생님의 명언을 머리로는 이해하지 못했지만, 마음속으로는 느끼고 있었던 것이다. 선생님이 말한 수학의 본질은 무엇일까? 나는 플라톤의 이데아처럼 본질을 현실에 투영하면 우리가 관측할 수 있는 현상이 된다고 받아들였다. 간단한 본질을 어떻게 투영하느냐에 따라 다양한 현상이 나타난다. 따라서 본질을 이해하면 여러 현상을 한꺼번에 이해할 수 있다. 그 때문에 수학자들은 본질을 더 아름답게, 그러니까 더 간단하게 나타내려고 연구한 것이다. 「수리물리학Ⅰ」교수님이 던진 질문은 모두 우주의 본질이 무엇인지, 얼마나 아름답게 표현할 수 있는지 묻는 말이었다. 사람들이 아름다움에 끌리는 것처럼 나도 이 수학의 아름다움에 홀려 밤새우며 공부했던 것이다. 마침내 수학이 아름다운 이유, 내가 수학을 좋아할 수밖에 없는 이유를 알게 되자 마음이 홀가분해졌다. 덕지덕지 붙은 수식어를 제거하고 단순한 본질만 남기는 것, 나는 이것이 수학의 아름다움이라고 생각한다.

⊞ 조개 속의 진주

조금만 더 생각해보면, 모든 학문은 본질을 이해하기 위해 시작되었다는 사실을 알 수 있다. 종교는 신이라는 본질을 이해하기 위해 발달했고, 언어는 타인의 본질을 이해하기 위해 발달했다. 사회학자는 복잡한 사회현상을 관찰하여 사회라는 본질을 이해한다. 과학자는 복잡한 자연현상을 관찰하여 우주라는 본질을 이해한다. 이 본질을 이해하기 위해 우리는 수학을 사용하는 것이다.

가끔은 나의 삶도 수학을 통해 아름답게 만들 수 있지 않을까 생각한다. 수학을 사용해 복잡한 인생의 간단한 본질을 찾는 것이다. 물론 인생의 해를 구하는 방정식 따위는 존재하지 않는다. 하지만 수학을 공부하며 얻은 사고방식을 통해 삶의 본질을 표현할 수 있지 않을까? 본질을 알았으니 복잡한 인생을 깔끔하게 정리할 수 있지 않을까? 살다보면 가끔 수학에서 배운 어떤 정리가 인생의 법칙을 담고 있다는 생각이 든다. 예를 들어, '푸리에 변환(Fourier Transform)'은 복잡한 함수를 사인함수나 코사인함수와 같은 간단한 주기함수의 합으로 나타내 준다. 본래 함수의 변수 대신에 주기함수의 주파수라는 다른 변수로 그 함수를 분석해 이해하기 쉽게 만드는 것이다. 어쩌면 복잡한 우리의 인생도 '주파수'라는 다른 측면으로 보면 간단하게 이해할 수 있지 않을까? 푸리에 변환은 이를 알려주는 수학의 선물이 아닐까? 만약 삶이 너무 복잡하다면 수학을 공부해보자. 「네이버 수학 산책」이라도 읽어보자. 입을 조금 벌린 조개 속 진주처럼 아름다운 본질이 살짝 엿보일지도 모른다.

수학=f(첫사랑)

항공우주공학과 15 **이슬**

[+] a

나는 수학이 정말 싫었다.

영희와 철수의 이상한 달리기 시합. 그 시합의 결과를 숫자로 표현해보라는 괴팍한 문제. 일상과는 동떨어져 공허하게 떠다니는 숫자들. 왜 찾아내야 하는지 도무지 알 수 없는 숫자 사이의 규칙. 계산기를 밀쳐내고 손 아프게 써내려가는 지겨운 계산. 그 모두가 수학이었다. 그 모두가 싫었다.

[+] b

우리 집 분위기는 항상 엄격함이 감돌았다. 아버지는 자식을 향한 사랑을 높은 기대로 표현하는 분이었고, 어머니는 놀이보다 지식을 가르치는 것이 우리의 가능성을 최대한 열어주는 길이라고 생각했다. 가훈은 '모든 일에 후회 없이 최선으로 임하자'였다. 나는 외가 전체에서 맏이로 태어나 모두의 기대를 한 몸에 받고 자랐고, 또 기대 받는 일에 익숙했다. 모두 직접적으로 표현한 적은 없지만, 은연중에 나는 뭐든지 잘하는 아이여야만 했다. 어릴 때는 사람들의 기대에 보란 듯 멋지게 부응하는 것이 인생의 낙이자 최대 목표였다. 지금의 성격으로는 상상도 할 수 없는 일이다. 어른들이 지나가다 슬이는 책을 참 잘 읽네, 하면 다음 날엔 학교 도서관에 찾아갔다. 가서 내 수준을 훌쩍 넘는 고학년 추천 도서를 뽑아 와 낑낑대며 읽었다. 칭찬 속에서 살았지만 칭찬에 목말랐다. 학교 공부부터 배드민턴과 수채화, 피아노에 이르기까지 나는 모든 분야를 잘하려고 노력했고, 운 좋게도 잘했다. 나는 잘하는 분야를 수집하는 수집가였다. 수집 자체에는 별로 재미를 느끼지 못했지만 수집품을 바라보며 흐뭇해했다. 친구들과 어른들이 수집품을 보며 건네는 칭찬에는 더 흐뭇해했다. 수학 역시 모두가 좋아하는 아이가 되기 위한 한 가지 수단에 지나지 않았다. 수학은 항상 달성해야 할 과제였지 한 번도 친구였던 적은 없었다.

중학교에 들어가자 수학은 친구가 아닌 정도가 아니었다. 일률적이고 기계적인 풀이 과정이 재미없었고, 추상적이어서 뜬구름 잡는 소리로 여겨졌고, 수학 선생님은 얼굴과 말투가 무서웠고, 수학 교과서의 삽화마저 모든 교과서 가운데 으뜸가게 별로였다. 그때 모범생의 마음에 빠르고도 매서운 사춘기가 들이닥쳤다. 나는 모범생 생활에 조금 질려 있어서 정말이지 반항아가 돼보고 싶었다. 그러나 잘하는 것, 정확히 말하자면 잘하는 것에 으레 뒤따라오곤 하는 남들의 칭찬에 이미 중독돼 있었다. 용기와 결단이 부족했고, 그래서 딱 한 가지에만 소심하게나마 반항심을 발휘하기로 했다. 여러모로 보아 수학이 안성맞춤이었다. 안 그래도 나에게 친근하게 굴지 않는 꼴이 밉상이었는데, 더 이상 지루한 수학을 잡고 내 쪽에서 잘하려고 애쓰지 않기로 했다. 그 후로 깔끔하게 수학을 털어버렸다. 여전히 잘하는 분야를 수집하고 다녔지만, 내 수집 목록에서 수학만은 빠져 있었다. 수학 시간을 수면 시간과 동의어로 취급했고, 시험에 대비해 문제집을 고를 때도 수학은 건너뛰었다. 수학 학원에는 등 떠밀려 꼬박꼬박 출석하긴 했지만 한 귀로 듣고 한 귀로 흘리니 밑 빠진 독에 물 붓기와 다름없었다. 인생에서 처음으로 반항을 하고 있다는 데 그 또래들만 이해할 수 있는 어떤 자부심을 느꼈다. 신이 나서 적극적으로 수학을 외면했고, 그런 내 모습을 남몰래 재미있어했다.

⊞ C

그런 은밀한 재미가 막을 내린 때는 2학년 겨울이었다. 아무런 예고나 기미도 없이, 이렇다 할 특별한 계기도 없이, 그냥 문득 같은 반 친구를 좋아한다는 사실을 깨달았다. 나는 수학을 제외한 거의 모든 과목에서 전교 1, 2등을 다투었지만, 그 친구는 쾌활한 산만성으로 무장한, 성적표 위의 숫자 따위에는 별로 관심이 없는 학생이었다. 그러나 그 아이가 좋아 죽는 과목이 하나 있었는데, 다름 아닌 수학이었다. 그 애의 꿈은 수학자라고 했다. 교과서와 익힘책의 문제에 만족하지 않았고, 창의력을 요구하는 수학 문제를 어디선가 찾아와 다른 애들에게 알려주고 다녔다. 마치 사람들이 모두 자신처럼 수학에 지대한 관심이 있다고 생각하는 듯했다. 자신과 다른 모습은 배척하는 십대 사회에서, 아이들은 튀는 그 아이를 무시했다. 나는 무시 속에서도 꿋꿋함을 유지하는 모습에 감탄하며 좋아하는 데 더욱 열심이었다. 그러던 중 그 아이가 고등학교 수학을 독학하려고 문제를 푸는 모습을 봤다. 어려운 문제였는지 여기저기에 질문을 하고 있었는데, 속 시원히 대답해주는 사람이 없자 실망한 표정이었다. 내가 가서 그 질문에 멋지게 대답해주고 싶었지만 문제조차 이해할 수 없을 것이 뻔했고, 집에 돌아와서 하루 종일 그 상황을 곱씹으며 아쉬워했다. 그리고 그날, 나는 수학을 다시 잘해보기로 결심했다. 어떻게 그렇게 쉽게 결심해버렸는지 지금 생각하면 모를 일이다. 첫사랑이라는 딱 그 이유, 중학생이라는 딱 그 시기, 중학교라는 딱 그 장소에서만 가능했던 신기한 경험이다. 수학을 싫어했던 많은 이유가 모두 바다 위로 내리는 눈송이처럼 녹아버렸다.

쉽지 않았다. 이튿날 바로 서점에 들러 어려운 문제집을 사들고 왔다. 자신만만하게 첫 장을 펼쳤는데, 교과서도 제대로 읽은 적이 없는 내게 고난도의 문제 풀이는 무리였다. 그때까지는 뭐든 잘하기로 마음먹으면 쉽게 해냈고, 귀납적으로 당연히 수학도 금방 해낼 줄 알았는데, 낯설었다. 낯선 경험이라 과연 이걸 해낼 수 있을지 의심한다거나 막막해서 포기하고 싶다는 생각도 없었다. 당황했지만 새로운 상황이 신기했고 도전할 만한 가치가 있다고 느껴졌다. 기초로 돌아가서 시작하기로 했다. 학원에서 알려준 것처럼 문제 유형을 외우거나 피상적인 계산법을 익히는 것이 아니라, 그냥 교과서를 소설 읽듯 되풀이해서 읽었다. 한 번 읽었을 때 이해되지 않는 구절이 있으면 다음 번에 읽을 때 이해되리라 믿고 넘어갔고, 실제로 그렇게 되었다. 교과서 속 원리를 완벽하게 이해했다고 느꼈을 때 문제집을 다시 펼쳤다. 시간을 들여 문제를 많이 풀 필요가 없었다. 원리를 알고 있으니 원하는 만큼 랜덤으로 문제를 골라 풀면 모두 정답이었다. 부모님과 상의한 뒤 학원을 그만 다녔고, 방과 후 혼자 책상 앞에서 두세 시간씩 하는 수학 공부가 점점 습관이 되고 일상이 되었다. 중학교 교과 과정을 끝낸 뒤 원래 목표했던 고등학교 선행까지 똑같은 방식으로 묵묵히 진행했다. 수학은 쉬운 과목이 결코 아니었지만 그래서 처음으로 성취감을 느꼈다. 나는 종종 그 아이가 던지는 질문에 대답해줄 수 있어서 너무 기뻤지만, 그건 더 이상 내가 수학을 공부하는 유일한 이유가 아니었다.

나는 미적분학에 반했다. 미적분학의 근엄하기까지 해 보이는 견고한 질서는 간단하고도 명쾌한 아이디어 위에 세워졌다. 처음으로 무한이라는 개념을 정면으로 실감한 때는 미적분학을 공부하면서였을 것이다. 호기심에 가득 찬 학생에게 무한은 매료되기 쉬운 주제였다. 미적분학의 기초인 극한과 무한소의 개념 속에는 거의 악마적인 힘이 있었다. 아주 단순한데, 이 단순함으로 엄청난 범위의 문제들을 해결할 수 있었다. 무한급수에서 시작해 함수의 극한과 연속, 미분법과 적분법의 기술로 이어지는 서술이 마치 동화 같다고 생각했다. 매끄러운 기승전결이 있었다. 그리고 마침내 이 모든 것이 물리학에 적용되는 모습을 소개하는 대목에 이르면, "이렇게 그들은 영원히 행복하게 살았습니다"라고 말하는 것 같았다. 나는 한 사람의 독자로서 흥미진진하게 서술의 흐름을 따라갔고, 이윽고 행복한 결말에 박수를 쳤다.

이처럼 차례차례 집합, 정수, 기하, 수열, 통계에 반했다. 나의 수학 공부는 반하고 곧 매진하는 경험의 연속이었다. 꼼꼼하고 자상하게 시간을 들여 살펴보기만 하면 각자 그 속에 누구라도 좋아할 만한 이유를 가지고 있었다. 끈기와 관찰력을 발휘해 그 이유를 발견하는 것을 좋아했다. 발견의 과정에는 간간이 시행착오와 실망도 있었지만 포기는 없었다. 뭐든지 '자세히 보아야 예쁘다. 오래 보아야 사랑스럽다'고 했던가. 나는 자세히 오래 보았고, 그러고 나니 수학은 기분 나쁜 첫인상과는 아주 다른 것이었다. 수식이나 기호를 나열해 빽빽하게 써내려가는 지겨운 계산 기술이나 달달 암기하고 기계적으로 숫자를 대입해야만 하는 공식이 수학의 본질은 아니었다. 수학을 추상적이라고 싫어했지만, 바로 그 추상성 속에서 다시 매력을 찾았다. 수학에는 이 세상의 모든 것을 엄밀한 정의와 상징적인 기호로 환원시키려는 강력한 의지가 보였다. 수학의 이런 도전적인 목표를 이해했고, 한 번 이해하고 나니 미워할 수 없었다. 수의 체계를 생각하면서, 도형의 정의를 읽으면서, 나는 수학이 지향하는 목표에 동조하고 지지를 보냈다.

형가리의 수학자 에르되시 팔(Erdős Pál)의 말에 깊숙이 공감한다.

> 수는 왜 아름다운가. 이는 베토벤의 교향곡 제9번이 왜 아름다운지 묻는 것이다. 당신이 그 답을 모르면, 다른 아무도 대답할 수 없다. 나는 수가 아름답다는 사실을 알고 있다. 만약 수가 아름답지 않다면, 세상에 아름다운 것은 어디에도 없다.

⊞ e

나는 남들이 좋아하는 것에 집중하느라 내가 좋아하는 것을 너무 늦게 찾아버렸다. 그러나 그 덕분에 누구보다 확실히 찾을 수 있었다. 칭찬을 위해서가 아닌, 순전히 재밌어서, 다음에 다가올 내용이 기대돼서 공부한 것은 수학이 처음이었다. 내 첫사랑은 비단 어린 수학자 친구만을 가리키는 말이 아니다. 수학 역시 학문의 길에서 마주친 첫사랑이었다. 비록 전자의 첫사랑은 이루어지지 못했지만, 과거의 수포자(수학을 포기한 사람)가 지금 카이스트에 있으니 후자의 첫사랑은 성공적이었다고 자신 있게 말할 수 있겠다. 나는 수학의 손에 이끌려 카이스트에 도착했고, 과학과 공학의 세계도 어느새 좋아하게 됐다. 고심 끝에 항공우주공학이 인류의 핵심 과제를 목표하고 있다고 생각해 전공으로 선택했다. 현재는 항공우주공학도로서 즐겁게 공부하는 중이다. 매일매일의 공부에서, 검사 체적을 통과하는 유체의 유동 속도를 계산할 때, 나비에-스토크스 방정식의 해를 구할 때, 항공기 동체 보강재에 걸리는 하중을 확인할 때, 피스톤-실린더 장치가 수행하는 일의 양을 가늠할 때, 인공위성의 랑데부 궤도를 예측할 때 수학을 마주한다. 수학은 오랜 친구이고, 여전히 전공 도서 안에 자리 잡아 내가 생소한 공학 지식에 겁먹지 않게 도와준다. 그러나 공학적 도구로서가 아닌 수학 그 자체에도 나는 항상 애정을 느낀다.

그 아이의 얼굴은 아주 어렴풋이만 떠오르고 이름은 전혀 기억나지 않는다. 첫사랑의 흔적은 그저 수학으로 남았다. 첫사랑의 흔적은 고맙게도 수학으로 남았다. 당시에는 그 아이와 함께 수학이 내게로 온 것을 몰랐다. 그때서야 수학을 제대로 마주한 것임을 지나고 나서야 알았다. 학생의 임무는 공부지만 그 임무를 기꺼워하는 학생은 별로 없을 것이다. 그런 의미에서 나에게 찾아온 첫사랑은 수학에 재미를 붙여준 커다란 행운이었다. 수학을 필두로 공부는 내게 재밌는 것이 되었다. 수학과 공학 속에 탐구하고 끝내 확신할 수 있는 무언가가 있다고 생각하며 나는 오늘도 연필을 들고 전공 책을 펼친다. 이름 모를 그 아이에게 언제나 감사하다.

⊞ f

고등학교 기숙사에서 『수학의 정석』을 읽다가 새벽에 맞이하는 푸르스름한 창문. 방정식 풀이에 집중하려고 한입에 털어 넣은 인스턴트 커피. 카페인의 작용으로 솟아난 손등의 핏줄과 심장이 만드는 압력. 풀리지 않던 문제가 사흘간의 매달림 끝에 이윽고 굴복하고야 마는 순간. 그 모두가 수학이었다. 그 모두가 좋았다.

나는 수학이 정말 좋다.

$$mathematics = f(first\,love)$$

페르마의 마지막 정리와
나의 수학 이야기

$$\boxed{+}\ \boxed{-}$$
$$\boxed{\times}\ \boxed{\div}$$

화학과 14 **정한빛**

$\boxed{+}$ 우리에게 수학이란

나는 경이로운 방법으로 이를 증명했다. 하지만 여백이 너무 좁아 여
기에 옮기지는 않겠다.

수학사에 관심이 있는 사람이라면 한 번쯤 들어봤을 법한 문구. 바로
'페르마의 마지막 정리'에 관한 문구이다. 내가 수학을 처음 접했던 것
은 학교나 여느 수학 학습지가 아니라 이 오만할 정도로 똑똑한 어느
수학자의 낙서였다. 그리고 나의 수학은, 이 페르마의 마지막 정리와
함께 성장해갔다.

오늘날 우리나라 학생들의 수학 공부라 하면 대부분 입시, 수능 공

부 그 이상 그 이하도 아닌 경우가 많다. 수학을 처음 접하는 초등학교 시절이 지나가면 중학교, 고등학교를 거치며 문제를 빠르고 효율적으로 푸는 법. 수능 문제에 나올 법한 문제 예측 및 풀이를 중점적으로 배운다. 오죽하면 개념은 모르면서 문제는 풀 줄 아는 학생도 존재하겠는가. 그런 학생은 없을 것 같다고? 학생을 가르치는 일을 업으로 하면서 만나게 되는 학생들의 절반 이상이 이렇다.

이런 현실에서 수학을 좋아하는 학생들이 얼마나 많겠는가? '수포자'라는 신조어가 생겼다는 것이 이에 대한 대답이라고 생각한다. 대한민국 학생들 대부분은 수학을 싫어한다. 수학을 가장 어려운 과목으로 생각하는 사람도 많고 그래서 포기하는 사람들도 많다. 실제로 수학과 과학에 관심과 흥미가 많은 학생이 모여 있다는 과학고등학교에서조차 수학을 싫어하는 학생들이 많다.

하지만 정말 수학이 복잡하고 계산만 하는 학문일까? 우리를 괴롭히는, 고등학교를 졸업하고는 아무런 필요도 없는 학문일까? 이 질문에 단호하게 '아니다'라는 이야기를 해주고 싶어 글을 쓰게 되었다. 여러분이 접해야 할 수학은 생각보다 다양한 방면에서 필요로 한다. 그리고 수학은 생각보다 꽤 재미있는 학문이 될 수 있다.

➕ 나의 수학 이야기

초등학교 1학년 시절 나는 어려운 책 읽기를 좋아했다. 내가 유달리 책을 좋아하는 학생이어서가 아니었다. 단지 책을 다 읽으면 주는 칭찬 스티커가 너무 받고 싶어서, 그리고 기왕 읽을 거 더 어려운 책을 읽으면 다른 친구들보다 멋있어 보일까 봐, 그래서 어려운 책을 읽었던 것 같다. 그렇게 이해도 안 가는 책들을 읽어가던 어느 날, 내 기억에 아직도 생생히 남는 책을 접했다. 『페르마의 마지막 정리』라는 책이었다.

당시 1부터 10까지밖에 셀 줄 모르던 나는 수식과 함께 적힌 페르마의 오만한 문구에 굉장한 흥미를 느꼈다. 그러고는 선생님에게 찾아가 이 수식이 무엇을 의미하는지 물어보았다. 지수법칙은커녕 곱셈도 모르던 아이가 이 수식을 이해할 리 만무했다. 그날 이후 나는 정규 수업 시간이 끝나고 방과 후에 남아 며칠에 걸쳐 곱셈과 지수의 개념을 배웠다. 그리고 마침내 페르마의 마지막 정리를 해석했다. 막상 해석해보니 명제 자체가 어려운 것은 아니었다. 초등학생도 정확히 이해할 수 있는 문장이었으니 말이다. 하지만 이 문제가 정말 많은 수학자를 좌절시키고 헤매게 했다니 더욱 관심이 생겼다. 점점 더 이 문제에 매달리게 되었다.

오랫동안 풀리지 않았던 난제라는 별명과 달리, 페르마의 마지막 정리는 내가 태어나기도 전에 증명되어 있었다. 수학자 앤드루 와일스라는 사람에 의해서 말이다. 하지만 여러 가지 컴퓨터 계산과 몇십 장에 걸친 수학적 논리 전개를 바탕으로 한 증명이므로 페르마가 언급한 '경이로운 방법'에는 어긋난다는 의견들이 많아, 아직 페르마의 정리는 풀리지 않았다는 사람들도 있다. 여하튼 나는 이런 사실도 모른 채 나만의 방식대로 페르마의 마지막 정리를 증명하기 시작했는데, 그것은 바로 '직접 계산'이었다.

"1부터 1,000까지 다 세제곱을 해보자. 그리고 각각을 더하고 빼다가 어느 다른 수가 나오지 않는지 확인해보자." 초등학생이 세울 수 있는 무식하고도 용감한 방법이었다. 직접 다 해봤느냐고? 딱 20일 걸렸다. 1부터 1,000까지 다 곱하는 데는. 그리고 또 10일 걸렸다. 각각을 대조해보고 다른 합과 차로 이루어지지 않는지 판단하는 데는. 그 과정은 단순하지만 재미있는 경험이었다.

이런 방법이 멍청하다고 생각하는 사람도 있을지 모르겠다. 무식하고 의미 없는 반복 활동이라고 생각할 수도 있다. 하지만 이 경험이 의미 없는 활동은 아니었다. 이런 과정을 통해 수를 많이 접하고 계산하다보니 나에게 계산 능력과 수를 분석하는 능력이 생겼다. 친구들은 기껏해야 구구단을 외우고 있을 때 나는 천천단을 외우고 있었던 셈이니 말이다. 그리고 큰 수들을 비교하며 규칙성을 보는 눈과 수학에 대한 친근한 이미지를 쌓아간 것도 이즈음이었다.

하여튼, 중학생이 되고 더 다양한 수학을 접한 나는 피타고라스의 정리를 이용해 증명을 시작했다. 또 그때쯤 '정수론'에 관한 여러 책을 보며 공부했다. 학교에서 배우는 수학 진도와는 전혀 무관했지만, 합동식(정수의 나눗셈과 나머지에 관련된 식)과 나머지 정리 등 주말에 두 시간씩 시간을 내 따로 공부하는 습관을 들였고 이때 다양한 정보를

◆페르마 동상 앞에 서 있는 앤드루 와일스.

접했다.

하지만 노력과는 달리 이 시기에 문제에 대한 열정은 조금씩 사라지고 있었다. 주변 사람들의 영향이 컸던 것 같다. 친구 중에는 나를 이해하지 못하는 사람들이 많았다. 학교 공부만 해도 충분한데 굳이 다른 것을 찾아가며 공부하는 모습이 이상하기도 했을 것이다. 성적에 전혀 도움이 되지 않는 행동이라 생각해 불필요한 공부라고 치부하는 사람들도 많았다. 혼자 공부하다가 모르는 부분을 들고 찾아간 학교 수학 선생님마저 이런 걸 왜 공부하느냐고 핀잔을 주기도 했다. 스스로도 공부를 하면 할수록 어려워지는 페르마의 마지막 정리에 예전만큼 열정이 나지 않았다.

한동안 식어가던 열정이 다시 생기기 시작한 것은 고등학교 입시 즈음이었다. 당시 나는 1박 2일 캠프로 진행되는 과학고등학교 입시를 치르고 있었다. 캠프의 마지막에는 수학 시험을 치렀는데, 페르마의 마지막 정리와 관련된 명제를 쓰는 시험이었다. 굉장히 쉽게 약 150개에 달하는 명제를 쓰고 나왔는데, 나중에 입학하고 보니 당시 합격자가 평균 30개 정도 적었다고 하더라. 정말 운이 좋게도 '페르마의 마지막 정리' 덕분에 과학고등학교에 입학한 나는, 생각보다 쓸데없는 공부에서 많은 것을 얻는다는 사실을 깨달았다.

고등학생 시절 다시 이 정리를 증명하는 데 시간을 쏟기 시작했다. 점점 더 이해할 수 있는 부분이 많아졌고, 급수, 미적분 등 더 어려운 개념을 적용해나가기 시작했다. 과학고등학교에는 R&E라는 이름의 조별 연구 발표 활동이 있는데, 우리 조는 내 제안으로 이 주제를 가지고 연구하기도 했다. 그리고 드디어 특수한 조건에서 페르마의 정리를 일부 증명하기도 했다. 이미 오래전 증명되어 있던 부분이었으니 이제 이해했다는 표현이 맞을 수도 있지만, 나에게는 첫 성공이었던 것 같다.

첫 성공을 조별 보고서로 정리하면서 나 스스로 지금까지 해왔던 공부를 정리했다. 초등학교 시절 무작정 계산하며 덤볐던 때부터 고등학교 시절까지의 과정을 말이다. 그리고 이 문제 때문에 내가 얼마나 많이 성장했는지 깨닫게 되었다.

➕ 수학이 우리에게 미치는 영향

'머리가 좋다'는 이야기를 친구들에게 많이 들었다. 물론 과학고등학교에 다니는 학생이니 머리가 나쁘지는 않겠지만, 과학고등학교 친구들이 이런 말을 할 정도였으니 그들 눈에도 꽤 똑똑한 사람으로 비쳤나보다. 왜 이런 소리를 들을까 고민하던 나는 지금까지 해오던 것에 영향을 받았다는 사실을 알았다. 나는 수학 공부를 할 때 스스로 하고 싶은 부분을 찾아서 공부했다. 학교에서 학년별로 배우는 딱딱한 수학 수업이 아니라, 오직 페르마의 마지막 정리를 풀기 위해 필요한 것을 공부했다. 그러다보니 중학교 때 대학교 원서를 읽기도 하고, 고등학교 때 초등학생이 이해할 수 있는 간단한 지식을 배우기도 했다. 이 명제 하나와 연관 지어 다양한 생각을 해온 덕에, 일상생활에서, 그리고 다른 학문을 공부할 때 시야가 더 넓어질 수 있었다. 융합적으로 문제를 보는 시각과 탄탄하게 다져진 수학 실력 덕분에 카이스트라는 좋은 대학에 다니는 지금도 나는 다른 학생들보다 배움이나 이해가 빠른 편이다. 물론 머리만 믿고 노력은 하지 않는다는 말이 아니다. 아직도 이해가 안 되는 문제들은 초등학교 1학년 시절처럼 몸으로 직접 부딪치며 공부하지만, 대부분의 과목은 다른 사람들보다 잘 배우고 잘 익힌다.

일상생활에 도움이 되는 일도 많다. 수학을 오래 익히고 많이 사고하다보니 어느새 나는 꽤 논리적이고 유연한 사고력을 소유하고 있었다. 비단 수학뿐만 아니라 일상생활 속에서도 그렇다. 사람들의 말 하나하나를 분석하고, 논리적으로 맞는지 따지고, 정확한 요점을 짚는다. 더 정확한 의사소통을 할 수 있게 된 것이다. 덕분에 말을 참 조리 있게 잘한다는 칭찬을 많이 듣기도 하고, 상황에 맞는 여러 농담을 던져 분위기를 바꾸기도 한다. 나에게 상담을 요청하는 친구들도 많다.

수학. 확실히 어렵고 복잡한 학문이다. 그렇다고 수학이 주는 장점이 하나도 없는 것은 아니다. 모든 과학을 포함한 이과적 학문을 이해하고 표현하는 가장 기본적인 언어로서, 논리적이고 유연한 사고를 하도록 도와주는 도우미로서, 수학은 충분히 필요한 공부라고 말해주고 싶다. 물론 우리나라 교육 제도상 수능 수학 공부나 학교 수학 공부를 등한시하라고 조언할 수는 없다. 하지만 이런 공부 때문에 수학에 흥미를 잃기에는 너무도 재밌는 학문이라는 사실을 알아주었으면 한다. 여러분도 하나의 이야기를 정해서, 혹은 하나의 현상을 보고, 이를 수학과 함께 헤쳐나가며 직접 몸으로 부딪치다보면 어느새 발전한 수학 실력을 볼 수 있을 것이다.

나는 아직도 페르마의 마지막 정리를 증명한다. 대학생이 된 지금도 일주일에 두 시간씩 꼬박꼬박 관련 논문을 읽거나 책을 찾아 읽고 교수님을 찾아뵌다. 길을 걸어가다가도 문득 아이디어가 떠오르면 으레 걸음을 멈추고 핸드폰에 필기하거나 여유가 있을 때는 계산을 해본다. 이제는 너무 자연스러운 일상이 되어버린 페르마의 마지막 정리 덕에 정말 많은 것을 얻을 수 있었다. 언젠가는 나도 이 문제를 획

기적인 방법으로 증명해낼 것이다. 그리고 약간의 힌트를 더 첨가한 채 그 오만했던 수학자처럼 여운만 남기고 떠나야겠다.

널 사랑하진 않아

기계공학과 14 **정현우**

"여긴 내가 있을 곳이 아닌 것 같아."

과학고 입학 후 첫 중간고사가 끝난 바로 그날 밤, 어머니와 부둥켜 안고 엉엉 울면서 한 말이다. 이미 선행 학습이 다 돼 있던 친구들 사이에서 과학에서 높은 점수는 꿈도 꾸지 않았고, 그나마 잘한다고 생각했던 수학마저도 잘 봤을 가능성이 희박해 보였다. 6점짜리 문제는 하나도 풀지 못했다. 더 심각한 사실은 그 6점짜리 문제가 네 문제나 되었고, 네 문제 외에도 풀지 못한 문제가 많았다는 점이다. 초등학교 6년, 중학교 3년 동안 실수로 문제를 틀린 적은 많았어도 시험 치는 도중에 한계를 느끼고 이렇게 무너진 적은 한 번도 없었다. 겁이 났다. 더 이상 총명한 학생도, 눈에 띄는 학생도 아니었다. 내색하진 않았어도 주목받는 것을 즐기던 나에게 평범한 학생이 된다는 사실은 너무나도 끔찍했다. 그런데 이게 웬걸, 찍은 문제 가운데 세 문제나 맞춰 본래 실력보다 17점이나 더 맞아버렸다. 졸지에 평균 수준의 학생이 상위권 학생으로 탈바꿈하는 순간이었다. 그때 나는 생각했다. 아, 수학이 내 운명이구나.

⊞ 사랑하다

옛말에 자리가 사람을 만든다고 했다. 비록 근거 없는 자신감이긴 해도 자신감이 붙고 나니 자연스레 수학 공부가 좋아졌다. 물론 그 성적을 계속 유지해야 한다는 압박감도 없지는 않았지만, 그보다도 수학을 좋아하는 마음이 앞서서 더 열심히 공부했다. 즐기다보니 자연스레 공부량은 늘어났고, 남들이 한 번의 시험을 준비하려고 문제집 두권을 풀 때 나는 네 권도 거뜬히 풀어냈다. 내가 뭘 알고 뭘 모르는지 확실하게 알 수 있었고, 문제집 안에서도 중요하지 않다고 생각하는 부분은 과감히 버리는 공부 방법이 옳다는 자신감이 있었기 때문에 가능한 공부량이었다. 결과는 놀라웠다. 분명히 운으로 얻어낸 성적이었는데 그 뒤의 시험에서도 꾸준히 비슷한 성적 혹은 더 높은 성적을 받아냈다.

나만의 강점도 보이기 시작했다. 과학고등학교에 다니는 학생이라면 공식의 유도나 증명 정도는 기본적으로 잘하는 줄 알았다. 막상 친구들과 대화해보니 증명이나 유도를 신경 쓰지 않고 넘어가는 친구들이 많았고, 그것이 중요하다는 사실을 알고 있어도 잘할 줄 모르는 친구들도 더러 있었다. 이 두 가지는 중학교나 일반 고등학교에서는 그저 알아두면 좋은 것 정도로 중요성은 크지 않다. 하지만 과학고등학교에서는 유도하거나 증명하라는 문제가 자주 나오기도 하고, 이 과정을 모르면 풀 수 없을 정도로 높은 이해를 요구하는 문제가 대다수이다. 우연히도 나는 중학생 때부터 수학 공부할 때는 무조건 증명을 꼭 해보고 넘어갔다. 딱히 성적에 지대한 영향을 미치는 건 아니었지만, 내가 가장 좋아했던 수학 선생님이 증명하는 것을 강조하기도 했고, 처음 몇 번이 고통스럽지 이 증명이라는 것도 나름 재미가 붙었다. 증명과 유도에 익숙하다는 장점 덕분에 남들보다 선행 학습이 덜 되어 있다는 약점을 잘 가릴 수 있었고, 남들보다 수학을 훨씬 빠르고 깊게 이해할 수 있었다.

내가 잘할 수 있는 바가 뚜렷해지니 자연스레 나보다 타인이 잘하는 것을 인정할 줄도 알게 되었다. 중학교에서 특목고에 진학할 때나, 고등학교에서 대학교로 진학할 때 새로운 환경에 적응하기 힘들어 무력감을 맛보는 학생이 많다. 분명히 그 전까지는 모든 과목을 다 잘했는데, 나와 비슷한 학생들이 모인 곳을 오니 더 이상 내가 잘하는 것이 없다는 무력감 말이다. 대개 이 무력감에 좌절해 공부에 흥미를 잃어버리지만, 무력감에서 벗어나려 허우적거리다가 결국 자신이 잘하는 것을 찾아내기도 한다. 나의 경우는 좀 특별했다. 운으로 얻은 17

점이 나를 무력감에 빠져 허우적거릴 틈도 없이 다시 일어나게 해주었다. 무력감에서 벗어나는 방법은 생각보다 간단했다. 다른 사람을 인정하는 것이다. 저 사람은 저 사람 나름대로 잘하는 것이 있다는 사실을 인정하고, 대신 나는 그만큼 내가 잘하는 것이 있다는 사실을 깨달으면 더 이상 타인에게 열등감을 느낄 필요가 없다. 나아가 그 사람이 잘하는 것을 배우고 내가 잘하는 것을 줄 수 있는, 연구자에게 필요한 자세까지도 배울 수 있다. 운 좋게도 이런 마음가짐을 빨리 얻은 덕분에 별다른 슬럼프 없이 공부에만 전념할 수 있었고, 나에게 과분할 정도로 좋은 대학교인 카이스트에 입학할 수 있었다.

⊞ 미워하다

슬럼프 없이 고등학교를 지나온 것의 반작용이었는지 대학에 오자마자 남들보다 훨씬 더 깊고 긴 슬럼프가 찾아왔다. 1년 가까이 해방감과 자유에 파묻혀 공부를 완전히 놓아버린 게 화근이었다. 쌓아올리기는 눈물겹도록 힘들었는데, 무너지기는 너무나도 쉬웠다. 정신을 차렸을 때 내가 가지고 있다고 믿었던 강점은 어느 하나 남아 있지 않았다. 1년의 공백은 너무도 컸다. 남들이 대학에서 1년 동안 배운 기초적인 수학 개념들을 나는 하나도 익히지 못하고 있었다. 분명히 고등학생 때는 식 하나만 주어져도 혼자 머리를 싸매가며 알고 있는 것을 바탕으로 그 식을 유도했는데, 이제는 핵심적인 식을 모두 가지고도 활용하지 못하는 까막눈이 되어 있었다.

게다가 수학과가 아닌 기계공학과로 진학하면서 수학과는 완전히 담을 쌓았다. 아니, 담을 쌓는 것을 넘어 수학은 나를 방해하는 걸림돌이 되었다. 비단 기계공학과뿐만 아니라 '공학'이 들어가는 학과는 수학과 떼려야 뗄 수가 없다. 그렇기 때문에 1학년을 통째로 날려 먹은 내가 고등학교 수학보다 훨씬 더 수준 높은 수학을 요구하는 기계공학과의 수업을 따라갈 리 없었다. 무엇보다 가장 큰 문제는 수학의 배움이 부족하다는 현실을 애써 부정하고 있는 나 자신이었다. 여태 수학만큼은 잘한다고 믿어 의심치 않았던 내가 수학이 부족하다는 사실을 인정하기 싫어 이 과목이 나와 맞지 않아서, 이 과목은 재미가 없어서 등의 핑계로 부족함을 어떻게든 합리화하고 있었다. 그리고 합리화의 끝은 늘 똑같았다. "내가 듣고 싶은 과목을 들으면 분명 잘할 거야."

카이스트로 진학한 것도 그 분야를 공부하고 싶어서였고, 기계공학과로 진학한 것도 그랬기 때문에 나는 분명히 잘하리라 믿어 의심치 않았다. 3학년이 되어 마침내 꿈의 과목을 수강하게 되었는데, 완전히 무너지고 말았다. 그 받기 어렵다는 D를 받았다.

이번에는 정말 좌절감을 넘어 허무함까지 느껴졌다. 기계공학과가 나에게 맞지 않는다는 사실을 인정하는 것은 너무나도 끔찍한 일이었기 때문이다. 왜 그렇게 공부가 되지 않았나를 고민하고 개선할 방향을 찾기 전에 자기혐오와 무기력이 나를 밑도 끝도 없이 끌어내렸다.

고등학교 첫 중간고사가 끝나고 했던 "여긴 내가 있을 곳이 아닌 것 같아"라는 말이 그때보다 수백 배, 수천 배 아프게 다가왔다. 절망의 늪에서 나는 근본적인 문제점을 찾았다. 아니, 근본적인 문제점이라기보다 원망할 대상을 찾았다는 말이 더 어울릴 것 같다. 결국, 수학이었다. 내 성적표를 끔찍하게 만든 것도, 전공 공부를 지옥같이 만든 것도, 내가 카이스트에 맞는 인재라고 착각하게 만든 것조차도 수학 탓으로 돌렸다.

이후 대학 생활은 회피의 연속이었다. 어떻게든 기계공학과 관련 없는 분야를 찾아다니기 시작했고, 또 다른 나만의 강점이 있을 거라 굳게 믿으며 그것을 찾으려 애썼다. 그리고 번번이 적성인지 아닌지를 판단하기도 전에 수학의 벽에 가로막혔다. 기계공학과에 뿌리를 두고 있었기에 아무리 기계공학과를 벗어나려고 해봤자 주어진 선택지는 결국 공학에 한정되어 있었고, 수학을 필요로 하지 않는 공학은 존재하지 않았다. 일말의 자존심이라도 남아 있을 때는 전공을 개념적으로는 이해했지만, 그놈의 수학 때문에 시험만 못 치는 것이라고 자기 위안을 했는데, 현실을 직시하고 나니 다 거짓말이었다. 수학을 모르면서 이해했다는 말은 궤변이었다. 그렇게 4년을 흘려보냈다. 인간관계니 대외 활동이니 핑계는 댈 수 있겠지만, 결과적으로 성적은 밑바닥이었고 끝까지 적성은 찾지 못했다. 누가 봐도 망한 대학 생활이었다.

다 접고 군대나 가자고 생각했다. 어차피 공대는 5학년까지 하는 경우가 많으니 군대를 갔다 온다 하더라도 그렇게 늦은 나이는 아니었다. 군대에서 정신은 차려서 오겠지, 어떻게든 되겠지 하는 생각이었다. 결국, 온갖 방법으로 현실을 회피하다가 가장 치졸한 방법을 선택했다. 막상 군대에 가려고 하니 그마저도 무서웠다. 정말 밑바닥까지 겁쟁이가 되었다. 이 지경까지 가 있는 나를 보는 순간 군대를 갔다 온다고 해서 바뀔 건 전혀 없다는 사실을 깨달았다. 이래서는 영원히 답이 없다는 걸 깨닫는 순간 드디어 마음을 고쳐먹게 되었다. 남들보다 늦더라도 근본부터 다시 고쳐보자. 회피하려 들지 말고 해결될 때까지 부딪쳐보자. 자신감과 재미에 가득 차서 수학 문제를 풀던 고등학생 때의 모습을 다시 한번 만들어보자고 생각했다.

시작은 콤플렉스 극복이었다. 카이스트를 온 이유이자 내가 학업을 완전히 놓아버리게 된 계기였던 그 과목을 다시금 마음잡고 공부해보리라 결심했다. 정말 내가 그 분야와 맞지 않는 것인지, 아니면 그냥 선행해야 할 공부에 소홀했던 탓에 이해하지 못한 것인지 먼저 확실히 확인할 필요가 있었다. 전공 도서를 펴서 한 글자도 빼놓지 않고, 사소한 공식까지 하나하나 유도해가면서 다시 공부하기 시작했다. 평생 이해하지 못할 거라 단정하고 있었는데 막상 공부해보니까 그리 힘든 일도 아니었다. 어쩌면 1년 동안의 공백으로 수학 실력이 부족했다는 말도 핑계였을지 모른다는 생각이 들었다. 모르는 게 있으면 검색하면 그만이고, 그마저도 이해가 안 되면 찾아볼 전공 도서는 많았다. 4년 동안 제대로 공부는 하지 않았어도 얼핏 들은 수업이나 사놓고 펼쳐보지 않은 전공 도서 모두 어떤 식으로든 도움이 되었다.

자연스럽게 수학이 다시 좋아졌다고는 말하지 못하겠다. 단지 다시 얼굴을 마주할 자신이 생긴 정도다. 헤어진 애인을 보는 그런 느낌이다. 그만큼 좋아했고 또 그만큼 힘들었으니. 그래도 어떻게든 다시 친해지려고 부단히 노력했다. 1학년 때 제대로 배우지 못하고 놓쳐버린 수학 수업도 다시 수강하고, 오히려 지금까지 배운 것보다 훨씬 더 높은 수준의 수학을 필요로 하는 대학원 강좌도 신청해버렸다. 그리고 한 가지 느낀 점은 여태 내가 절망해온 만큼 내가 멍청하지는 않다는 사실이었다. 노력하는 방법을 잊어버린 것뿐이었다. 소홀히 배우고 넘겨왔던 것이 너무 많아 100% 이해할 수는 없어도 여기서 왜 이런 공식이 나오는지, 저기서는 왜 저런 수학적 원리가 사용되는지에 관한 고민과 대답을 찾아내는 수준까지는 다다를 수 있었다.

수학 공부를 위한 수학이 아닌, 전공에 이용하기 위한 수학을 공부하면서 수학을 바라보는 시각이 크게 바뀌었다. 어찌 보면 꽤 중요한 깨달음인데, 수학은 하나의 잘 만들어진 언어라는 것이다. 어릴 적 책에서 갈릴레오 갈릴레이의 "우주는 수학이라는 언어로 쓰여 있다"라는 명언을 보았을 때 "뭐야, 저 오글거리는 말은" 하고 넘어갔었다. 그때까지의 공부 수준으로는 과학은 과학이고 수학은 수학이었지, 둘의 연관성은 고작 간단한 방정식의 풀이 정도에서 끝났기 때문이다. 좀

◆질량–스프링 운동. 이 분야를 다시 공부하면서 수학과 다시 친해질 수 있었고, 단순해 보였던 이 식에 얼마나 많은 수학적 고민이 들어 있는지 알 수 있었다.

더 높은 수준의 공부, 현실에 가까운 공부를 하면서 갈릴레오 갈릴레이보다 수학을 잘 표현하기도 어렵다는 것을 느꼈다. 공학 석사나 박사를 바라보고 있는 학생이 수학이 좋다, 싫다 얘기하는 것이 더 웃기다고 생각한다. 역사를 싫어하는 고고학자나 법을 모르는 변호사, 영어를 모르는 언어학자처럼 자신의 전공의 근간을 이루고 있는 학문, 즉 숨 쉬듯이 접해야 하는 학문인 수학과 담을 쌓고는 그 어떤 것도 할 수 없기 때문이다. 그렇기에 아쉬움도 많다. 근본인 수학을 좀 더 탄탄히 쌓았으면 훨씬 더 쉽고 깊이 내 앞에 있는 것을 이해할 수 있지 않았을까 하는 아쉬움 말이다.

애초에 나는 고등학생 때조차 수학을 사랑했다고 말할 수 없을 것 같다. 그저 성적이 잘 나오니까 신났던 것이고, 다른 친구들이 대단하다는 시선으로 우러러봐주니까 우쭐해서 열심히 했던 것일지도 모른다. 정말 사랑했다면 주저 없이 수학과로 진학했겠지만, 대학 진학을 준비할 때 수학과는 염두에 두지도 않았으니까. 게다가 대학에 와서는 한동안 회피하기까지 했고. 그래도 그때 터득한 수학이라는 언어를 다루는 방법, 또 그 언어를 이용하는 방법은 지금도 큰 도움이 되고 있다. 아마 앞으로 공부할 학문에도 큰 도움이 될 것이다. 사실 수학을 사랑했는지 아닌지가 뭐 그리 대수일까. 수학은 사랑의 여부가 중요한 애인 같은 존재가 아니라 오랫동안 함께할 수 있는지가 중요한 친구 같은 존재가 되어야 하니까.

친구 따라 수학 하기

생명화학공학과 13 **김영서**

➕ 잘못 끼운 첫 단추

한국에서 유치원을 다니던 중 섬유산업에 종사하는 아버지가 급작스럽게 중남미로 발령받는 바람에 온 가족이 니카라과에서 살게 되었다. 한국을 떠날 때까지만 해도 부모님은 2년만 해외 생활을 하면 다시 한국으로 돌아갈 수 있을 거라고 했지만, 나는 그로부터 12년 후 카이스트에 입학하고 나서야 귀국했다. 오랜 타국 생활, 그것도 교육 여건이 황무지 같은 그곳에서 좋은 대학으로 진학할 수 있었던 것은 순전히 어머니 덕분이었다. 처음 해외로 이사를 준비할 무렵, 어머니는 타의로 외국에 가더라도 아들들의 교육만은 포기할 수 없다고 하며 없는 살림에도 서점에서 구할 수 있는 초등학생 및 중학생 학습지와 참고서를 잔뜩 구매해 컨테이너로 니카라과에 보내셨다. 컨테이너는 태평양을 건너 미국을 거쳐 니카라과의 집으로 왔다. 처음에는 책장이 없어 잠시 방에 쌓아놓았던 책들이 유치원생인 내게는 마치 '책동산'처럼 보였다.

아마 어머니는 두 아들이 해외 생활을 마치고 한국에 돌아갔을 때, 한국의 교육 방식에 적응하지 못할까 걱정하시며 컨테이너 가득 책을 실어 보내셨을지도 모른다. 우리는 국제 학교에 다녔는데, 학교 공부 외에도 한국에서 사온 학습지와 교재로 공부했다. 앞으로 한국 사람은 수학과 과학을 잘해야 미래가 있다고 교육부 장관처럼 말씀하며 하루도 빠짐없이 학습지 수학 문제를 풀게 했다. 나는 학교 공부보다 어머니가 지도하는 공부가 더 어려웠다. 처음에는 다른 현지 아이들처럼 놀고 싶어 머리를 굴렸는데, 어머니에게 크게 혼이 나고서야 두려운 마음에 학교 공부와 학습지 공부를 열심히 했다. 이미 한국에서 초등학교 생활을 하다가 와서 한국식 교육에 적응되어 있어서인지 공부를 잘하는 형을 닮고 싶다는 마음도 있었다. 사실 처음에는 공부가 너무 싫어 온갖 방법을 써서 피하려 했지만, 어느새 습관이 되어 매일같이 수학과 과학 공부를 했다. 흥미를 잘 느끼지는 못했지만 그래도 실력은 좋아졌다. 덕분에 니카라과의 학교 공부는 쉬웠고 성적도 잘 받았다. 이러한 기계적 선행 학습은 중학교 때까지 이어졌고, 나는 어느덧 '수학과 과학을 잘하는 아이'가 되어 있었다. 하지만 여전히 수학과 과학을 좋아하지도 않았고 흥미도 없었다. 나는 그저 어머니께 혼나기 싫은 어린아이에 지나지 않았다.

⊞ 운명적인 만남

중학교 3학년을 마치고 미국 명문 고등학교인 필립스 엑시터 아카데미(Phillips Exeter Academy) 여름학교에 가게 되었다. 짧은 여름학교 기간이지만 부모님은 미국 선진 고등학교에 가서 많은 것을 경험하라고 하셨다. 물리, 수학, 영어, 그리고 미국의 수능인 SAT 수업을 듣는 동안, 실제로 많은 것을 배우고 성장할 수 있었다. 부모님 없이 처음으로 타지에서 두 달을 살았고, 이전과 다르게 무엇이든 자발적으로 해야 했으므로 더욱 독립심을 길렀다. 무엇보다 여름학교를 보내며 수학에 흥미가 생겼다. 사실 처음부터 어떤 흥미를 찾거나 학업에 매진하려고 했던 것은 아니다. 여름학교를 마치고 나면 부모님에게 성적표가 전달되기 때문에 완전한 자유를 누리지는 못할 거라고 생각했지만, 나는 그저 잔소리를 듣지 않을 정도의 성적을 받기로 마음먹고 생애 첫 자유를 만끽하기로 했다. 가족 없이 친구들과 기숙사 생활을 하는 것이 처음에는 어색하고 긴장됐지만, 시간이 지날수록 재미있었고 전 세계 다양한 배경을 지닌 친구들과 교류하면서 다른 문화를 배우는 게 매우 흥미로웠다. 그중 제일 친하게 지낸 사람이 요르단에서 온 무함마드 함자라는 친구였다.

함자와는 물리와 수학 수업을 같이 들었다. 함께 수업에 가고, 수업이 끝나면 함께 밥을 먹으면서 친해졌다. 함자는 나보다 두 살 많은 형이었지만 우리는 친한 친구가 되었다. 함자는 나와 다르게 자유를 즐기기보다는 여름학교를 계기로 더 뛰어난 학생이 되고 싶다고 했

◆필립스 엑시터 아카데미 도서관.
내가 수학을 공부하며 진정한 수학자로 거듭났던 곳이다.

다. 그에게는 미국의 명문 고등학교에서 많은 것을 배우고 요르단으
로 돌아가 고등학교를 마친 뒤, 다시 미국 하버드 대학교나 매사추세
츠 공대로 유학을 오고 싶다는 큰 포부가 있었다. 함자는 나중에 유명
한 과학자가 되어 노벨상을 받는 게 꿈이라고 했다. 그 꿈을 이루기

위해 매일 공부만 했다. 수업을 듣는 시간 외에는 도서관에 거의 살다 시피 했기 때문에, 그와 친하게 지내면서 나도 자연스럽게 도서관에 가서 공부하게 되었다. 적당히 자유로움을 즐기려던 나의 첫 계획은 함자 덕분에 틀어졌다. 하지만 그렇다고 나쁘지는 않았다. 나도 이미 공부에 빠져들고 있었다. 처음으로 수학을 좋아할지도 모른다는 생각이 들었다.

⊞ 친구를 통해 수학을 다시 배우다

함자와 공부하며 나는 수학을 잘하는 게 아니라는 사실을 깨달았다. 단순히 계산을 잘했던 것뿐이다. 한국의 주입식 교육으로 개념을 이해하는 것보다 문제 자체를 풀어내는 데 익숙해져 있었다. 그런 내게 함자는 수학에서는 계산을 잘하는 기술이 아니라 논리적으로 수학의 원리를 이해하는 것이 중요하다고 일깨워주었다. 수학의 원리를 잘 이해했다는 걸 보여주려면 원리를 증명할 수 있어야 한다고 알려주었다. 나아가 수학자나 과학자가 되었을 때 답을 아는 것만 중요한 게 아니라 어떠한 결과를 어떤 과정을 통해 얻게 되었는지 설명하고 증명할 수 있어야 한다고 가르쳐주었다. 나는 한 번도 수학을 그렇게 생각해본 적이 없어서 정말 놀랐다. 이때까지 수학은 주어진 문제의 답을 찾게 도와주는 계산이나 도구 그 자체였다. 계속 같은 방식으로 수학 공부를 하면 나는 계산기와 다를 바가 없었을 것이다. 그저 계산기에 지나지 않는 사람이 되지 않기 위해, 또 진정한 수학을 맛보기 위해 함자의 권유를 받아들여 내가 아는 모든 수학적 공식들을 증명해보기로 했다.

도서관에 있는 수학책과 인터넷을 찾아가며 힘겹게 개념을 정리하고 공식을 유도했다. 그렇게 해서 예전처럼 공식만 적용해 답을 찾는 인간 계산기가 아닌, 논리적으로 수학을 사유할 수 있는 수학자로 거듭났다. 연습을 하면 할수록 자신감을 얻어, 나중에는 눈앞에 보이는 패턴과 머릿속에 떠오른 기하학적 아이디어를 수학 공식으로 표현해 무언가 새로운 것을 증명해보이고 싶은 마음이 생겼다. 갖은 노력 끝에 눈앞에 보이는 패턴들을 수학 공식으로 표현하고 증명하는 데는 성공했지만, 인터넷에 찾아보니 모두 수백 년 전에 수학자들이 이미 발표한 것들이었다. 한편, 머릿속에 떠오른 기하학적 아이디어를 수학 공식으로 표현하고 증명하는 데는 완전히 실패했다. 책과 인터넷을 찾아보니 내가 생각했던 것들은 공리를 위배해 전혀 말이 되지 않는 아이디어들이었다. 바라던 대로 위대한 발견은 하지 못했지만, 이 과정을 통해 새로운 발견을 위한 용기와 논리적 사고를 얻었다는 데 큰 의미를 두었다.

여름학교에서 한참 수학에 흥미와 자신감을 얻어갈 무렵, 내게 고비가 찾아왔다. 처음에는 수업 내용이 쉬웠는데 시간이 지날수록 급격하게 어려워졌다. 중학교를 갓 졸업한 내가 아직 많은 것을 배우지 못하고 여름학교에 진학한 탓이었다. 수업을 듣는 학우들은 모두 나보다 적어도 두세 살 많은 형, 누나들이었다. 수업 내용과 진도는 그들에게 맞춰져 있었다. 나는 아직 학교에서 배우지도 못한 미적분학을 빠른 속도로 설명하고 넘어가는 바람에 이해하지도 못했고 집중도 되지 않았다. 너무 어렵고 힘들어서 포기하고 고등학교에 가서 다시 배울까 생각하기도 했다. 그저 부모님에게 꾸중 한번 들으면 될 일이었다. 하지만 그런 나를 지켜보던 함자의 도움으로 포기하지 않고 다시 힘을 내 열심히 공부할 수 있었다. 함자는 이미 고등학교 1학년 때 배운 미적분학을 내가 쉽게 알아들을 수 있도록 하나씩 차근차근 설명해주었다.

함자는 먼저 '극한'을 가르쳐주었다. 극한이란 한 함수의 독립 변수가 특정 값에 가까워질 때, 그 함수의 결과 값을 의미한다고 했다. 또 극한을 알면 함수의 연속성을 알 수 있고, 이를 통해 '미분'을 할 수 있는지 여부가 결정된다고 했다. 미분이라는 것은 한마디로 한 함수의 x값이 매우 조금 변화할 때의 y값의 변화를 x값의 변화로 나눈 비율이라는 것을 알려주었다. 이것을 그림을 그려 쉽게 이해할 수 있도록 설명했다. 설명을 듣고 나니 그제야 선생님이 외우라고 했던 미분 공식을 이해할 수 있었다. 함자와 함께 그 공식을 유도한 뒤에는, 이해하기도 쉬웠고 외우는 데도 어려움이 없었다. 열심히 공부해 미분의 개념을 이해하고 많은 문제를 풀어내며 미분이 얼마나 중요한지 새삼 깨닫게 되었다. '미분은 수학의 꽃'이라는 함자의 말이 드디어 실감났다. 얼마든지 어렵거나 지루하게 배울 수 있는 고등수학의 개념이었지만, 나는 함자의 도움으로 극한과 미분을 쉽게 이해했을 뿐만 아니라, 수학을 깊게 탐구하고 재미있게 이해하는 방법을 깨달았다. 함자 덕분에 여름학교 수학 수업을 잘 마칠 수 있었다. 나아가 고등학교 수학 수업을 별 어려움 없이 들을 수 있는 탄탄한 토대가 되었다.

⊞ 물리와 함께 더 가까이 다가온 수학

여름학교에서 수학을 좋아하게 된 또 다른 이유는 물리학과의 만남을 통해 수학의 중요성을 온몸으로 느낀 것이다. 여름학교 물리학 선생님은 우리가 물리를 재미있게 접할 수 있도록 많은 노력을 기울였다. 칠판과 책상에서만 물리학을 배우지 말고 교실 밖에서도 물리를 배우라고 했다. 그래서 수업 시간에 밖에 나가 빛의 속도나 빛의 반사각을 구해보는 등 다양한 방법으로 물리를 공부하게 되었다. 하지만 미국의 교육과정에서는 고2, 고3이 되어야 물리를 배우기 때문에 그전까지 나는 물리를 제대로 배워본 적이 없었다. 물리학도 수학과 마찬가지로 처음 배우는 것이 많았고, 진도가 빨라 이해하는 데 많은 어려움이 있었다. 하지만 이 또한 이미 물리를 배우고 온 함자 덕분에 극복할 수 있었다. 우리는 책으로만 물리를 공부하지 말라는 선생님의 말씀을 교훈 삼아 재미있게 물리를 습득하는 방법도 함께 모색했다.

결국 우리는 선생님에게 특별히 허락을 받아 방과 후에 물리 실험실을 사용하기로 했다. 함자와 나는 다른 수업이 모두 끝나면 오후에 만나 우리가 배운 물리학 지식이 맞는지 실험을 통해 알아보았다. 실험을 하려면 논리적인 실험 설계가 필수였고, 수치화된 실험 결과를 수학 지식을 이용해 해석해야 물리적 현상을 이해할 수 있었다. 실험을 해보니 우리가 배운 물리 공식도 유도할 수 있었다. 여름학교 기간 동안 우리는 포물선운동, 원운동, 레이저를 이용한 빛의 성질 분석 등 교과서에 나와 있는 많은 물리적 현상을 실험하고, 때로는 위대한 물리학자들이 했던 그대로 실험을 따라하며 재미있는 물리 지식을 쌓아갔다. 가끔은 독창적으로 실험을 설계해 이미 알려진 물리적 현상의 공식을 증명해보았다. 많은 경우 실패했지만 성공도 했다. 수학 수업에서 배운 미적분학을 이용하면 시간에 따른 물리적 변화를 이해하기 쉽고 계산하기 쉬워진다는 것을 알고는 순수한 배움의 매력에 흠뻑 빠지게 되었다. 수학과 물리는 떼려야 뗄 수 없는 사이였던 것이다. 수학은 사실 물리학만이 아닌 모든 과학의 언어였다. 논리적인 과학자는 반드시 수학을 이용해 분석과 해석을 해야 한다는 것을 그때 깨달았다.

우리 둘은 물리학에 관한 이야기로 깊은 토론을 했고, 물리학은 자연에서 일어나는 현상을 이해하고 이를 일반화된 법칙으로 나타내는 학문이라는 결론에 이르게 되었다. 여기서 중요한 점은 이러한 법칙은 모두 수학식으로 나타낸다는 사실이었다. 함자와 이야기를 나누며 나는 수학이 물리학, 나아가 모든 과학의 언어라는 사실을 다시 한 번 깨달았다. 이는 또 다른 동기부여가 되어 더욱 더 열심히 수학에 매진하리라고 마음먹었다. 물리를 공부하면서도, 이전에 기계적으로 배우고 외운 기하학이 왜 교과과정에 속해 있고, 왜 이것을 배워야 하는지 그제야 이해할 수 있었다.

2010년 여름방학, 나는 친구와 수학 공부를 하며 논리적으로 사유하는 방법을 익혔다. 수학은 단순히 계산만 하는 게 아니라 논리적으로 수학적 원리를 이해하고 증명하는 것이 더 중요하다는 사실을 알게 되었다. 이공계의 길을 걷는 나에게 이 깨달음이 의미하는 바는 아주 크다. 마음이 통하는 친구를 만나는 것이 쉽지 않다고들 한다. 나를 이끌어주는 친구를 만나는 것은 더더욱 어렵다. 마음이 통하고, 수학의 즐거움을 알려주고, 과학자가 되고 싶은 꿈을 안겨준 함자를 만난 것은 큰 행운이었다. 함자를 통해 나는 수학을 좋아하게 되었다. 어느 여름, 진정한 배움의 즐거움과 협력을 통해 수학을 배운 한 소년은 이공계의 길을 걷게 되었다. 이 길을 걸으며 나도 누군가에게 또 다른 함자가 될 수 있기를 희망해본다.

나의 수학 사춘기

기계공학과 14 박주호

처음부터 수학이 힘들었던 것은 아니다. 초등학교 시절만 하더라도 교육대학교 부설 영재원에 '수학 분과'로 선발되어 교육받았던 것이 기억난다. 언제부터였는지 모를 수학과의 '대치 국면'은 학년이 올라 갈수록 더욱 심각해져만갔고, 대학 입시를 준비하던 고등학생 시절에 정점을 찍고 말았다. 아이러니하게도, 그러던 나는 현재 카이스트에서 기계 장치 속 다양한 숫자들 속에서 고뇌하는 기계공학도의 길을 걷고 있다.

⊞ 구구단을 못 외우던 아이

수학과 처음 불화가 생긴 것은 아마도 기탄수학 내지 구구단 때문이었다. 유치원을 졸업하고 초등학교를 들어갈 무렵에, 어머니는 첫째인 내게 기탄수학을 사서 풀게 했다. 당시 나는 세 살 터울의 동생과 함께 침실을 썼고, 집에는 '공부방'이라는 별개의 공간이 있었다. 윈도우XP가 막 나온 시점에 구입한 삼보컴퓨터 한 대가 설치되어 있었고, 책상이 여럿 놓여 있는 부모님 서재를 겸한 조그만 공간이었다. 동생은 내가 저녁마다 공부방에서 수학 문제집을 푸는 것을 항상 신기하게 바라봤고, 나는 평온해야 할 저녁 식사 후의 여유 시간에 나는 반복적으로 산수 문제를 푸는 것에 불평하며 주어진 과제를 수행했다. 대개 동생은 형이 하는 것을 따라한다고, 내 동생 역시 자신도 풀 문제를 달라고 계속 보챘는데, 그 까닭에 동생은 나보다 훨씬 어린 나이에 수학 문제집을 풀기 시작했다. 동생이 그때의 내 나이가 되었을 즈음에는 이미 다음 단계의 교재를 공부하고 있었다. 내가 귀찮아도 어쩔 수 없이 풀고 있던 문제집을 동생은 나를 따라 한답시고 열심히 풀어대며 빠르게 진도를 나갔다. 동생이 받은 칭찬은 내게 일종의 불만이 되어 돌아왔다.

구구단을 익혀야 했던 시기는 초등학교 2학년 때 내가 수원에서 유년기를 보낸 시절이다. 2학년이 되고서 구구단부터 익히기 시작했는데, 무슨 반항 심리인지 '직접 곱하면 될 것을 무엇 하러 노래 부르듯이 외야 하나'라고 생각했다. 그래서 담임선생님이 수학 시간마다 진행하는 구구단 점검에 통과하지 못한 채 계속 뒤처지고 있었다. 다른 친구들은 6단, 7단, 8단, 9단까지 모두 마칠 때까지, 나는 심지를 굽히지 않고 계속 2, 3단에 머물러 있었다. 결국, 학기 말에는 나와 친구 한명, 딱 두 명이 방과 후에 남아 구구단 점검을 받게 되었다. 이런 일이 몇 번 지속되자 결국 담임선생님은 어머니와 상담을 했다. 이후 나는 집에서 어머니의 지도하에 구구단을 외우게 되었는데, 이때도 '왜 이것을 외워야 하나'라고 끊임없이 되물었다. 다행히도 어머니의 타이름 속에서 저녁 시간마다 집에서 구구단 암기에 시간을 할애했고, 보름이 채 되지 않아 2, 3단에 머물렀던 나는 학기가 끝나기 전에 9단까지 통과할 수 있었다. 그리고 더 이상은 방과 후에 교실에 남지 않아도 되었다.

⊞ 암기에 대한 반감이 이끈 과학도의 꿈

아주 어린 나이에 이공계로 진로를 정한 것은 기본적으로 암기보다는 사고를 요구하는 수학, 과학 과목에 호기심을 보였기 때문이다. 비록 지금은 에너지 문제 해결에 대한 의식과 자동차에 관한 관심이 기계 공학자로서의 꿈으로 이어졌지만, 어린 나이에는 다양한 곤충과 생물을 관찰하는 것, 화학 실험을 진행하는 것 등 다양한 과학 분야에서 관찰하고 사고하고 원인을 분석하는 일련의 행위들을 매우 즐겼다. 수학에 관해서는 기본적으로 암기가 배제된 사고의 영역으로 스스로 분류하고 있었는데, '구구단'이라는 존재가 암기를 요구하자 심리적으로 큰 저항 의식을 일으킨 것 같다.

반면, 사회 과목, 역사 과목은 그 자체가 암기였고, 시험 내용도 초등, 중등 교육 수준에서는 '누가 얼마나 잘 기억하는지'를 요구하는 경우가 많았다. 암기보다는 사고를 즐기던 나로서는, 사회 과목이나 역사 과목의 내용이 흥미로우면서도, 매번 시험을 앞두고 암기하는 것은 고역이었고, 암기의 이유에 대해 항상 회의적인 생각을 가지고 시험에 응하곤 했다. 한편, 초등학교 1학년 때부터 비교적 반복되는 내용을 10년 넘게 공부하다보니 학습한 내용이 상당히 머릿속에 누적되었다. 반복되는 암기의 과정 끝에 지식의 내면화가 일어난 것이다. 한 번 기억 속에 저장되어 더는 암기할 필요가 없어졌기 때문인지, 근래에는 역설적으로도 기억하고 있는 역사적·사회적인 흐름 속에서 철학적 사유를 하거나 다른 사람과 토론하는 것을 상당히 즐기게 되었다.

'주입식 교육'에 대한 정의를 아직 스스로 정확히 내리기는 어렵지만, 나의 어린 시절 일련의 저항 의식은 '주입식 교육'을 향했던 것 같다. '왜'냐고 묻는 질문에 '왜'에 대한 논리적인 설명보다는 '그냥 하라'는 지시를 듣는 경우가 더 많았고, 심지어는 혼났던 적도 종종 있다. '주입식 교육'에 대한 저항 의식 속에서 유년기의 나는 '구구단'이라는 매개체로 인해 '수학'이 암기의 영역인지 사고의 영역인지 '피아식별'의 혼란을 처음으로 겪었다. 이러한 내적 갈등 속에서도 과학도,

공학도가 되고자 하는 꿈은 계속 이어져나가고 있었다.

⊞ 사춘기와 수학

수학과의 갈등은 사춘기 무렵 더욱 심해졌다. 초등학교를 졸업하고 1
년간 캐나다 밴쿠버에서 학교를 다니게 되었는데, 그곳에서 수학은
언어의 경계를 뛰어넘어 외국인들에게 실력을 보여줄 수 있는 수단이
었다. 초등학교 6학년 시절에 여러 방면에서 급우들에게 인정받던 나
는, 졸업과 함께 먼 타지에서 학업을 이어나가면서 모르는 사람들 사
이에서 큰 공허함을 느꼈다. 당시 나는 수학 문제를 어렵지 않게 풀어
내고 각종 경시 대회에서 상을 타며 외국인 친구들에게 한결 쉽게 다
가갈 수 있었다. Secondary School에 진학해서는 월반을 통해 고학년
선배들과 함께 수업을 듣는 등 '수학'은 그때까지만 해도 나를 빛나게
해주는 존재였다.

　내가 캐나다에서 보낸 시간은 그리 길지 않았다. 한국과는 학제가
차이 나기 때문에, Elementary School 반년, Secondary School 반년을
다니고는 한국으로 귀국했다. 다시 한국의 중학교로 편입하면서 중학
교 1학년 과정을 평가받게 되었는데, 성적이 나쁘면 편입을 받아주지
않을 수도 있다는 생각에 조금 신경 써서 공부한 것이, 함께 편입하던
몇몇 급우들 사이에서 우수한 성적을 거둘 수 있었다. 다만, OMR 마
킹도 익숙하지 않던 차에, 수학을 비롯한 다양한 과목의 2학년 1학기

첫 중간고사 성적은 썩 좋지만은 않았고, 고등학교 입시를 위해 올림피아드 공부를 시작하면서 수학은 점점 어려운 존재로 다가왔다.

추후 입시 정책이 올림피아드 성적을 고등학교 입시에 반영하지 않도록 바뀌었지만, 그전까지만 하더라도 특목고와 자사고 입시에는 올림피아드 실적이 거의 필수처럼 여겨졌다. 올림피아드는 수학, 물리, 화학, 생물, 천문, 지학, 정보 분야에서 개최되는데, 물리 과목은 개인적 관심에 비해 기초가 약했기 때문에, 이전에 두각을 나타내던 수학 분야로 올림피아드를 준비해보기로 마음먹었다. 정수, 대수, 조합, 기하 네 분야로 구성되는 올림피아드에 대비해 분야별로 공부해나갔는데, 간단한 사고만으로도 풀이가 가능하던 기존 단계의 수학에 비해 어려운 이론과 복잡한 식이 등장하자 큰 혼란에 빠지고 말았다. 내용이 완전히 이해도 되지 않았을 뿐더러 여러 고등학교 과정에 해당하는 공식을 학습해야 했고, 이해되지 않는 부분은 그저 '암기'를 해야만 했다.

귀국 후, 짧은 시간에 올림피아드에 도전해 첫 예선 시험에 응했던 것이 2009년 5월 23일이다. 실력 안에서 가능한 한 풀 수 있는 만큼 풀었다고 자부했지만, 함께 스터디한 친구들까지 성적이 썩 좋지만은 않았고, 그렇게 친구들과 나는 모두 예선의 문턱을 넘지 못했다. 하지만 워낙에 다양한 기계 장치에 관심이 많았고 물리 공부에는 여전히 흥미가 있었기 때문에 '수학을 어려워하는 공학도'의 길은 그때부터 시작되었다.

중학교 졸업 후 자동차 연구 동아리가 활발히 운영되고 있는 고등학교로 진학했다. 공학을 전공하긴 했지만 사업가라는 직업을 갖고 있는 아버지는 과학고등학교보다는 문·이과 모두 운영하는 인문계 학교로 아들을 진학시키고 싶어 했다. 마침 내가 고등학교에 진학하던 해에 현대그룹의 고(故) 정주영 전 명예 회장이 설립한 고등학교가 시전체를 대상으로 신입생을 선발하기 시작했다. 부모님의 권유로 과거 과학 예능 프로 〈호기심 천국〉〈SBS 9시 뉴스〉, 공익광고, 신라면 CF에도 출연한 그 학교의 자동차 동아리에 대한 소개를 학교 홈페이지에서 확인하고 곧바로 지원을 결정했다.

고등학교를 진학한 나는 거의 3년 내내 학교 지하 기술실에서 살다시피 했다. 'From Earth to Sky(지상에서 창공으로)'라는 동아리 이름에 걸맞게, 1인승 자동차, 공기 프로펠러로 추진하는 에어보트, 콜라 캔을 활용한 수륙양용 비행기, 나무로 만든 수제 요트 등 정말 다양한 작품 활동을 할 수 있었다. 다른 학교에 비해 교과과정을 조금 유연하게 조절할 수 있는 학교에서 학창 시절에 다양한 체험 활동을 해볼 수 있었는데, 나에게는 잊지 못할 좋은 추억과 경험으로 영원히 남을 것 같다.

한편, 다양한 예체능 프로그램이 제공되는 만큼 교과과정도 다소 심화되어 편성되는 경향이 있었다. 내가 다니던 기수는 1학년 때부터 이공 계열과 인문 계열을 나누어 이공 계열에서는 수학을 집중적으로

◆고등학교 시절 작품 활동을 하는 나의 모습.

교육했다. 이렇게 빠른 진도로 고난도의 내용을 학습하는 환경에서, 수학보다 작품 활동에 더 흥미를 느끼는 바람에 학기가 지날수록 수학 과목에서 뒤처지기 시작했다. 그리고 '수학 시수가 다른 학교보다 높게 편성되어 있으므로 한 학기 정도는 수시 원서 지원 시 내신 반영에서 제할 수 있다'는 이야기를 믿고, 각종 복잡한 삼각함수 식이 난무하는 2학년 1학기 수학 과목에서 아예 공식을 암기하지 않고 시험을 보기도 했다. 공부가 미진했던 만큼 성적은 5등급이 나왔는데, 나중에 확인해보니 시수 편성에 따라 내신 반영에 차등을 두는 제도는 따로 없었다고 한다.

　동아리 부장직을 맡아 활동하면서 학업보다는 작품 활동에 열중했다. 주위에 많은 선생님들이 우려를 나타내기 시작했고, 부모님도 예외는 아니었다. 학교에서는 나의 기술실 출입을 통제해야 한다는 이야기도 나왔다고 한다. 다만, 한 학기 5등급의 내신 성적을 받은 수학 과목을 따로 제할 수 없다는 사실을 알고 나서는, 수학에서 일부 불가피한 '암기'를 견뎌내야 나중에 우수한 공과대학에 입학해 더 큰 꿈을 이룰 수 있겠다고 생각하게 되었다. 그때부터 정신을 다잡고 공부하기 시작해 3학년 때는 이공 계열에서 전체 2등이라는 성적을 거두기도 했다. 물리, 기술 과목은 항상 열심히 공부했기 때문에, 과목 석차 1, 2등을 놓치지 않았고, 성적을 다시 잘 끌어올려 카이스트에 국가우수장학생으로 입학할 수 있었다. 하지만, 반복해서 같은 유형의 모의고사를 풀이하고 익히는 대학수학능력시험에는 계속 염증을 느끼고 흥미를 갖지 못해, 수능 수학 성적은 여전히 좋지 않았다.

대학교에 와서는 미적분학을 시작으로 수학 기초 과목을 수강했다. 수학에 자신이 없어 신입생들에게 제공되는 미적분학 튜터링을 신청해 선배의 지도를 받기도 했다. 공학도로서 어려서부터 이루고자 하는 꿈이 분명했기 때문에 1학년 때부터 연구실에서 실험 활동에 참여하며 기계공학도의 길을 걷기 위해 노력했다. 한편, 학과 대표 활동이나 연구 프로젝트 등에 집중하느라 학업에 최선을 다하지 못한 학기가 일부 있다. 이런 면은 나의 고등학교 생활과도 유사한 점이 많은데, 학사 과정 동안 받았던 F학점 세 과목 가운데 총 두 과목이 수학 과목이었다는 점에서 나는 여전히 수학과의 '대치 국면' 속에서 내 꿈을 향해 고군분투하고 있다.

➕ 공학도의 어머니, 수학

수학자 가우스는 이런 말을 했다.

수학은 학문(Wissenschaft)의 여왕, 정수론은 수학의 여왕

물리학과 공학의 기초가 대부분 수학 위에 세워졌으므로, 동의하지 않을 수 없는 발언이다. 실제로 내가 전공하고 있는 기계공학에서만 하더라도 2차 선형 미분방정식(Second Order Linear Differential Equation)을 통해 간단한 RLC 회로나 스프링-댐퍼 진동 시스템을 해석하고, 변수 분리법(Separation of Variables), 푸리에 변환(Fourier Transform), 라플라스 변환(Laplace Transform)으로 운동방정식(Equation of Motion)이나 에너지 보존식(Energy Conservation Equation)을 풀이하기도 한다. 또한, 실험을 통해 촬영한 이미지나 취득한 데이터를 수치해석법(Mathematical Analysis)으로 분석해 실험 결과의 의미를 도출해낸다. 역학의 기본이 되는 뉴턴 방정식의 풀이와 해석이 수학에 상당히 기초하고 있다는 사실은 말할 것도 없다.

수학을 어려워하면서 물리 공부를 한다거나 수학을 못하는데 공학자로서 성공하고 싶다고 하면, 많은 사람들이 의문을 갖는다. 나 역시 수학에 어려움을 느껴 나 자신의 발전에 의구심을 갖기도 했고, 대학교 진학 때도 수학 때문에 좌절할 뻔했다.

한편 고등학교 동기 중에 고등학교 시절 매일 수학 전공 서적을 들

고 다니며 대학교 수학 공부를 독학하던 친구가 있었다. 그 친구는 현재 고려대학교 수학과를 3년 만에 조기 졸업하고 학자의 꿈을 이루기 위해 꾸준히 노력하고 있다. 수학에 어려움을 겪던 나의 고등학교 시절을 모두 지켜본 그 친구에게 연락해보았다.

"네가 생각할 때 수학을 못하는 내가 공학도로 성공할 수 있겠니?"

나는 이어서 중학교 시절의 올림피아드 이야기를 꺼냈다. 내가 정수론과 조합에서는 내용을 따라갔지만, 대수와 기하에서 큰 어려움을 겪었다는 이야기, 식이 복잡한 대수와 기하의 여러 공식이 내게 거부감을 느끼게 했던 것 같다는 이야기를 덧붙였다. 그리고 맥주 한잔을 걸치며 기계공학 분야로 이야기를 확장해나갔다. 친구는 물리학 서적도 줄곧 즐겨 읽어 기계공학에서 공부하는 4대 역학을 기본적으로 이해하고 있었다. 나는 전공과목에서도 4대 역학 중 열역학을 제외하고는 전부 성적이 좋지만은 않았다.

"네가 열역학의 직관이 강해서 그렇지."

이것이 다양한 분야를 폭넓게 이해하고 있는 그 친구의 답변이었다. 각 역학 분야가 필요로 하는 사고 능력 가운데, 열역학의 '직관'을 이해하는 능력을 비교적 잘 갖추고 있기 때문에 강점을 보일 수 있다는 말이었다. 마침 자동차공학자로서 에너지 환경 문제를 개선하고자 하는 내 꿈에 상당히 용기를 주는 지적이었다.

그렇다면 어렵게 암기했던 삼각함수 공식과 미분방정식의 해는 직관과는 다른 영역이라 암기할 필요가 없다는 말일까? 나는 그렇게 생각하지 않는다. 앞서 언급한 것처럼, 지난 십수 년간 다양한 사회, 과학 과목도 반복적으로 학습하며 때로는 암기도 하였고, 대학생이 된 지금은 사회 현안이나 역사적인 시각에 관해 토론하는 것을 즐긴다. 암기와 반복 학습을 거부하면서도 일부 참고 이겨냈기에, 지금 기계공학 전공과목을 이수하고 공학적 이슈에 관해 토론할 수 있는 직관이 생겨난 것이다.

　그런 면에서 공학자를 꿈꾸는 나에게 '수학'은 어머니이다. 수염이 거뭇하게 자라며 하루가 다르게 성장하던 시절에 나의 생모(生母)에게 그토록 반항했던 것처럼, 그 시절의 나는 수학의 지위를 거부하고 반항했다. 그럼에도 불구하고 수학이 내린 지식의 양분은 지금의 나를 만들어놓았다.

　공학을 꿈꾸는 나는 점점 순수수학과는 거리가 있는 학문의 영역을 파헤쳐갈 것이다. 하지만 독립한 자식도 부모를 찾듯, 언젠가는 다시 수학 서적을 펼쳐 보는 나의 모습에서 발전해나가는 공학자의 면모를 비춰볼 수 있을 것이다.

수학은 항상 별로였다

생명과학과 15 **김세현**

⊕ 수학은 날 억울하게 만든다

"카이스트 학생이면 수학 잘하겠네요? 와, 부럽다."

어디 가서 카이스트를 다닌다고 하면 가장 먼저 듣는 말이다. 그럴 때마다 나는 멋쩍게 웃어넘기고 만다. 하지만 속마음은 그렇지 않다. 누군가를 본의 아니게 속였다는 죄책감과 억울함, 부담감이 뒤엉켜 있다. 언제부턴가 카이스트 학생을 향한 사람들의 기대가 부담스럽게 다가오기 시작했다. 나는 수학이 좋아서 카이스트에 온 것도 아닌데, 사람들은 다들 그렇게 생각하나보다. 정작 내가 속으로 하고 있는 말은, '저는 생명과학과 학생일 뿐, 카이스트에 다닌다고 해서 절대 수학을 좋아하거나 잘하는 건 아니라고요!'이다. 그리고 이 글을 통해 하고 싶은 말도 일맥상통한다. 같은 이과 계열 학생 사이에도 선호하는 학문은 매우 다양하다. 특히 생명과학과 학생들은 수학에 흥미가 없는 경우가 많다. 이처럼 개개인의 성향과 재능을 한꺼번에 묶어서 생각하거나 판단하지 않았으면 하는 바람이다.

➕ 미적분학을 만나고 트라우마가 생겼다

처음 수학에 대한 두려움이 생기게 된 것은 미적분학을 접하면서부터다. 고등학교 입학 직전, 과학고등학교에 합격한 뒤 부푼 마음으로 수학을 예습하고 있었다. 고등학교 수학의 꽃은 가히 미적분이라 할 수 있기에, 당연히 난생처음 듣는 '적분'이라는 개념을 마주했다. '적분과 통계'라고 적혀 있는 연두색 『실력 수학의 정석』 3단원은 '정적분의 계산'을 다룬다. 그 단원이 끝나는 마지막 부분에는 연습 문제가 쭉 실려 있다. 내게 큰 트라우마를 안겨준 문제는 바로 3-1번이었다. 지금까지도 그 순간을 생생히 기억하고 있다. 3-1번은 한 문제가 아니었다. 무려 15개의 꼬리 문제가 달린 거대한 문제였다. 1번 문제인 만큼 어렵거나 꼬아서 낸 문제는 전혀 아니었고 오히려 모두 단순 적분이었다. 적분만 할 줄 안다면 한 문제에 30초, 길어도 1분이면 풀 수 있었다. 그러니 3-1을 다 푸는 데 걸리는 시간은 길어야 20분. 하지만 나는 세 시간 동안 붙잡고 있었다. 땀을 뻘뻘 흘리며 얼굴이 벌게지도록 풀었는데도 시간은 무려 열 배 가까이 더 걸렸다. 문제를 풀기 시작한 지 한 시간이 지나는 시점부터 스스로 짜증이 나고 좌절감을 느

연습문제 3

기본 **3-1** 다음 정적분의 값을 구하여라.

(1) $\int_0^1 \dfrac{(x+3)^2}{x+1} dx$ (2) $\int_0^1 x(x+2)^4 dx$ (3) $\int_0^1 \dfrac{x}{(x+1)^2} dx$

(4) $\int_1^2 \dfrac{x}{\sqrt{2x+1}} dx$ (5) $\int_{-\pi}^{\pi} (\cos 3x+1) dx$ (6) $\int_0^{\frac{\pi}{2}} \sin^2 3x \, dx$

(7) $\int_0^{\frac{\pi}{4}} \tan x \, dx$ (8) $\int_0^{\frac{\pi}{2}} \dfrac{\sin x \cos x}{1+\sin^2 x} dx$ (9) $\int_0^1 (e^x+e^{-x})^2 dx$

(10) $\int_0^1 \dfrac{e^x-1}{e^x+1} dx$ (11) $\int_0^1 xe^{1-x^2} dx$ (12) $\int_0^e \dfrac{1}{x(1+1nx)^2} dx$

(13) $\int_0^{\frac{\pi}{2}} \dfrac{\cos^3 x}{1+\sin x} dx$ (14) $\int_0^{\pi} |\sin x+\cos x| dx$ (15) $\int_{-1}^1 |3^x-2^x| dx$

◆ 내게 큰 트라우마를 안겨준 그 문제. 지금까지도 그 순간은 생생하다.

껐다. 심지어 비참함까지 느꼈던 것 같다. 옆에서 문제를 술술 풀어내는 친구들과 너무 비교되었기 때문이다. 수학에 대한 두려움이 생기지 않았다고 하면 거짓말이다. 이때 생겨난 수학에 대한 트라우마는 지금까지도 나를 그림자처럼 따라다니고 있다.

[+] 이과를 가려면 수학을 잘해야 한다?

수학이 두려워지기 전부터 수학은 내가 싫어하는 과목 중 하나였다. 나는 원리를 이해했을 때 큰 즐거움을 느껴, 수학에서 등장하는 여러 이론을 공부하는 것까지는 큰 문제가 없었다. 오히려 성취감을 느끼며 공부했다. 하지만 규칙이나 명제의 의미를 완벽히 이해했어도, 정작 주어진 문제를 풀어내는 일은 전혀 다른 문제라는 사실을 점차 깨닫게 되었다. 이렇게 문제 풀이가 중요해지던 중학교 때부터 수학은 내가 싫어하는 과목이 되었다. 이 때문에 과학고등학교에 진학하겠다는 결정을 내렸을 때 부모님과 의견 충돌이 많이 일어나기도 했다. 부모님의 입장은 명확했다. "네가 수학을 좋아하지 않는다면 이과를 선택하지 않는 편이 나을 것 같다. 너는 이과 성향이 아니다." 사실 지금도 이과, 문과를 선택할 때 수학을 기준으로 삼는 학생들이 많다. 수학을 좋아하거나 잘하면 이과, 수학을 못하거나 싫어하면 문과로 가야 한다고 생각한다. 하지만 당시 나는 실험하는 것이 좋았고, 과학적 현상의 원리를 밝혀내는 것이 즐거웠으며, 흔히 말하는 이과 공부를 더 하고 싶은 학생이었다. 이런 내가, 수학을 싫어한다는 이유로 문과를 선택하는 것은 상상도 하고 싶지 않은 시나리오였다. 그래서 많이 싸우고 많이 울었다. 부득부득 우겨서 결국 바라던 과학고등학교에 가게 되었다.

고등학교에 입학한 뒤에도 수학은 끊임없이 나를 괴롭혔다. 수학을 싫어하고 못하는 나에게 학교 공부는 너무도 힘들었다. 분명 학교 이름은 '과학'고등학교인데 정작 수업 시간표에서 가장 큰 비중을 차지하는 과목은 수학이었다. 내가 좋아하는 생물이 일주일에 두 시간 정도 있다면 수학은 여섯 시간, 심하면 아홉 시간이 배정되어 있는 식이다. 다시 말하자면, 대학교에 진학하는 데 가장 중요한 부분을 차지하는 학교 성적이 수학 한 과목만으로도 판가름났다는 이야기이다. 진학하고자 하는 생명과학과에 합격하려면 일정 수준 이상의 내신이, 즉 출중한 수학 실력이 뒷받침되어야만 했다. 나는 이 모순적인 상황이 잘 이해되지 않았다. 생명과학을 공부하면서 수학이 필요한 부분은 분명 아주 적을 텐데, 왜 수학을 잘해야 내가 원하는 생명과학과에 갈 수 있는지 납득이 가지 않았다. 한 선생님은 생명과학을 공부하는 데도 수학이 필요하다고 했다. 또 다른 선생님은 수학 문제를 풀 때 필요한 문제 해결 능력이 나중에 연구할 때 도움이 된다고 했다. 일리가 있기는 하다. 수학 문제를 풀어내기 위해 여러 방면으로 끊임없이 생각해봤던 경험이 해결하기 어려운 문제를 마주쳤을 때 헤쳐 나갈 힘을 줄 수도 있다. 하지만 문제 해결 능력을 수학이 아닌 다른 방법으로는 키울 수 없는가도 생각해볼 문제인 것 같다. 또 기계적으로, 빠르게 문제를 푸는 능력을 요구하는 수학 시험을 열심히 준비한들 크게 도움이 될지도 모르겠다. 솔직히 말하면, 수학을 공부해야만 하는 이유를 쥐어짜서 만들어낸 느낌이 든다.

안타깝게도 나는 한낱 학생이었기에 수학을 중요하게 여기는 입시에 순응해야만 했다. 덕분에 굉장히 고통스러운 고등학교 생활을 보냈다. 시험을 보기 전에는 수업 시간에 교재로 쓰인 프린트의 모든 문제를 다섯 번씩, 많게는 열 번씩 풀어보았다. 이 정도 되면, 학교 시험에 비슷한 문제가 나왔을 때 원래 문제가 어떤 프린트의 어느 위치에 나와 있는지까지 기억할 수 있었다. 하지만 결과는 항상 처참했다. 고등학교에 다녔던 2년 동안 수학에서는 평균 점수를 넘어본 적이 손에 꼽을 정도였던 것 같다. 모든 문제를 외워버렸기에 비슷한 문제나 숫자만 바꾼 문제는 완벽히 풀 수 있었지만, 조금이라도 응용하거나 꼬아서 낸 문제는 손도 대지 못했다. 미적분학부터 시작되었던 트라우마가 더욱 깊어졌다. 시험 성적이 나올 때마다 많이 우울하고 힘들었다. 하지만 이과를 선택한 일을 후회한 적이 있느냐고 묻는다면, 나는 자신 있게 단 한 번도 없다고 말할 수 있다. 수학은 싫지만 이과 공부가 좋아서, 생명과학이 좋아서 이과를 선택했으니까.

⊞ 수학은 끝까지 별로일 것 같다

대학을 가면 수학에 대한 두려움이 조금은 없어질 줄 알았다. 대학교 때 배우는 수학은 좀 다르지 않을까 기대했다. 대학에 입학해 미적분학을 다시 접했을 때 '트라우마를 극복하자!'라고 마음을 먹고 새로운 각오로 공부했다. 대학교의 미적분학은 문제를 마구 풀어보는 것보다 원리를 완벽히 이해하는 데 집중하면 된다고 생각했다. 처음 보는 공리를 요리조리 증명해보기도 하고, 수업 교재를 여러 번 정독하기도 했다. 그러나 또 한 번 실패를 맛봐야만 했다. 평균에 한참 못 미치는 점수를 받은 것이다. 또 좌절했고, 다시 느꼈다. 수학은 나와 정말 맞지 않다는 것을. 조금이라도 수학에 대한 어려움을 극복하고자 수학 과외 교사도 해보았지만, 오히려 과외 전에 답지를 보고 미리 공부하지 않으면 학생 앞에서 문제를 풀지 못하는 상황이 반복되었다. 결국 스트레스를 견디다 못해 과외를 포기했다.

그래도 최소한 선생님 말씀처럼, 일반적으로 생각하는 것과 달리 어려운 전공을 공부할 때는 수학이 필요할 줄 알았다. 하지만 모두 그런 건 아니었다. 1년을 무학과로 지내는 동안 필수로 들어야 했던 미적분학이나 일반 물리를 제외하고, 이후 3년 동안 나는 곱셈을 비롯한 간단한 계산 외에는 수학을 다룬 적이 없다. 유전학을 배울 때 확률 계산을 위해 겨우 분수의 곱셈을 했던 기억이 난다. 더 단적인 예로, 이번 봄 학기 생리학 시험에서 $\log(1/45)$를 계산하는 방법이 헷갈렸을 정도다. 어려워서 그토록 헤맸던 미분과 적분은 이제 푸는 방법조차 기억나지 않는다. 3년째 다루고 있지 않아서다. 실제로 생명과학과의 학부 및 대학원 과목까지도 수강해보았으나, 생물통계학이라는 특정 과목을 제외하고는 수학 실력이 요구되는 경우를 전혀 보지 못했다. 수학 없이 순수하게 내가 좋아하는 생물만 공부하다보니, 학점도 1학년 때와 비교해 수직 상승했다. 또 개별 연구를 신청해 여러 연구실에서 연구하고 실험을 배울 때도 수학은 필요하지 않았다. 필요한 시약의 농도를 계산하는 용도 외에는 사용하지 않았다. 대학 졸업을 앞둔 지금, 수학은 내게서 더 멀어져가고 있다.

⊞ 카이스트 학생이기 전에, 생명과학과 학생이다

카이스트 학생들을 향한 무한한 신뢰와 기대를 가진 분들에게 죄송스럽지만, 아마 끝까지 내가 수학을 좋아할 일은 없을 것 같다. 수학의 트라우마를 극복할 일도 없을 듯하다. 필요성을 전혀 느끼지 못하기 때문이다. 간단한 계산은 계산기가 도와줄 것이고, 생물통계학은 내 관심 분야가 아니다. 그러니 다행히도 내가 꿈꾸는 길을 수학이 크게 방해할 것 같지는 않다. 지금까지는 수학 없이 생명과학을 공부하는 것이 굉장히 행복했다. 그러니 여러분도 수학을 못한다는 이유로 이과를 포기하지 않았으면 좋겠다. 마찬가지로 수학을 잘한다는 이유

개설학과	과목 구분	과정 구분	과목 번호	전산 코드	분반	과목명	대체과목 (재수강)	강의 계획서	AU	강:실:학
생명과학과	전공필수	학사과정	BS205	21.205	A	생화학 I		Y	0	3.0:0:3.0
생명과학과	전공필수	학사과정	BS205	21.205	B	생화학 I		Y	0	3.0:0:3.0
생명과학과	전공필수	학사과정	BS209	21.209	A	분자생물학		Y	0	3.0:0:3.0
생명과학과	전공필수	학사과정	BS209	21.209	B	분자생물학		Y	0	3.0:0:3.0
생명과학과	전공필수	학사과정	BS209	21.209	C	분자생물학		Y	0	3.0:0:3.0
생명과학과	전공선택	학사과정	BS223	21.223		생명공학개론		Y	0	3.0:0:3.0
생명과학과	전공선택	학사과정	BS315	21.315		유전학		Y	0	3.0:0:3.0
생명과학과	전공필수	학사과정	BS319	21.319		세포생물학실험		Y	0	0.0:9:3.0
생명과학과	전공선택	학사과정	BS325	21.325		세포공학		Y	0	3.0:0:3.0
생명과학과	전공선택	학사과정	BS357	21.357		신경생물학 I		Y	0	3.0:0:3.0
생명과학과	전공선택	학사과정	BS367	21.367		생체분자 화학		Y	0	3.0:0:3.0
생명과학과	전공선택	학사과정	BS413	21.413		유전학 및 발생학 실험		Y	0	0.0:9:3.0
생명과학과	전공선택	공통(상호인정)	BS431	21.431		바이러스학		Y	0	3.0:0:3.0
생명과학과	전공선택	공통(상호인정)	BS435	21.435		바이오이미징		Y	0	3.0:0:3.0

◆2018 봄학기 생명과학과에서 열린 전공 과목 목록의 일부다.
눈을 씻고 찾아봐도 수학이 필요한 전공은 없다.

하나만으로 이과를 선택하지 않았으면 한다. 아직 대학 입시에서 수학을 잘해야 유리한 건 사실이지만, 대학 입학 이후에는 꼭 그렇지만도 않다. 내가 진짜 하고 싶은 공부가 이과일 때, 그때 선택하는 것이 맞는 것 같다.

또, 이과 계통으로 카이스트로 왔다고 해서 모두가 수학을 좋아하고 잘할 것이라 지레짐작하지 않았으면 좋겠다. 이과 안에는 공대와 자연대가 있고, 그 아래로 수많은 하위 학과들이 세분화되어 있다. 각 학과 학생들의 다양한 특성이 무시되지 않았으면 좋겠다. 부담감은 누군가에게는 스트레스이고 짐이다. 나처럼 슬프고 억울한 생명과학과 학생이 더 이상 없길 바란다. 나는 카이스트 학생이기 전에, 생명과학과 학생이다.

조밀한 부분집합

수리과학과 16 **임성혁**

⊕ 0001

"이십육, 이십육, 이십…… 유욱…… 이거다!"

복잡하게 얽히고설킨 포털의 수많은 링크를 돌아다닌 지 30여 분 만에 원하던 파일을 찾아냈다. 원래 이리 꼬이고 저리 꼬인 썩을 놈의 포털 시스템 탓인지, 아니면 나와 같은 생각을 하는 사람들에게 생각할 시간을 좀 더 주려는 목적인지는 잘 모르겠지만, 어쨌거나 굉장히 불친절하다는 사실은 변함이 없으리라. 카이스트에 능력 있는 학생들이 많은데 교통정리 같은 것 말고 포털 사이트를 깔끔하게 바꾸도록 하는 게 모두에게 이득이 아닐까. 쓸모없는 잡생각을 하던 사이 다운로드가 완료되었다. 파일을 여니 한글로 된 문서 맨 위에 제목이 선명하게 눈에 들어왔다. 문서 양식 26번, 전과지원서.

초등학생 시절 나는 수학을 좋아했다. 사실 정확한 표현인지는 잘 모르겠다. 지금 돌이켜보면 남보다 앞서 나갈 때 우월감을 느끼거나 남들이 치켜세워주는 것에 취해 있었던 건지도 모르겠다. 당시에는 수학을 잘하면서 동시에 '좋아한다'고 말하거나 '수학자를 꿈꾼다'라고 말하면, 또래들은 존경의 눈초리로 보았고 어른들도 열심히 공부해 훌륭한 사람이 되라고 말했다. 그래서 어디까지가 진짜 내 생각인지 경계가 희미해진, 소위 말하는 '인지 부조화'라는 현상 때문에 수학을 계속하고 있는 것은 아닐까. 물론 진짜인지 아닌지는 너무 머나먼 이야기이기 때문에 확신할 수는 없다. 어쩌면 어린 시절 나는 지금의 나와 달리 수학을 진심으로 즐기는 멋진 사람이었을지도 모른다. 다만 왜 수학을 좋아하냐는 질문에 마땅히 떠오르는 이유가 없어 어디선가 주워들은 말을 외워 "답이 하나로 명확해서 좋다"고 대답했던 기억이 남아 있다. 이를 미루어 짐작하건대 후자일 가능성은 낮을 듯하다. 어느 쪽이건 나는 그렇게 수학의 길로 들어서게 되었다.

다행스럽게도 그 시절 나는 수학을 잘하는 학생이었다. 우물 안 개구리에 불과할 수도 있었지만, 우물 안에서 뛰어난 개구리인 것이 어디인가. 초등학교 수학 시험을 잘 봤다고 해서 수학을 잘한다고 결론 내리기는 성급하지만 당시 경쟁률이 아주 높았던 교육청 영재교육원 시험에 안 떨어지고 바로 붙은 것이나, 교내 수학 경시 단독 1등, 시·도 경시 대회 대표로는 2등을 한 전교 회장 친구가 나갔지만, 어쨌거나 이런 결과들이 내 콧대를 하늘 높이 치켜세우기에 충분했다. 영재교육원 안에는 나보다 훨씬 잘하는 친구가 있었지만, 나는 그 뛰어남을 이해하기에는 너무 어렸다. 그렇게 하늘을 찌르는 자신감을 가진 채 집 근처에 있는 중학교에 진학하게 되었다.

⊞ 0011

전과 지원서 양식은 놀랍도록 짧았다. 분량은 A4 반 페이지가 되지 않았고, 학번, 이름 등 아주 간단한 신상 정보만 기록하게 되어 있었다. 교수님의 면담은 이미 다 진행한 상태이니 이제 지원서만 작성하면 절차가 거의 끝난다. 물론 잡다하게 이것저것 해야 할 일이 많지만 모두 간단히 클릭 몇 번으로 해결되는 일이므로, 지원서 작성이 사실상 마지막으로 귀찮은 일이라고 보는 게 맞겠다. 쭉쭉 적어가던 도중 총 이수 학점을 적는 칸에서 잠깐 멈춰 섰다. 내가 지금까지 몇 학점이나 들었지? 빠르게 학사 시스템으로 들어가 이수 학점을 확인했다. "벌써 76학점이나 들었구나!" 혼잣말이 자연스럽게 입 밖으로 튀어나왔다. 그도 그럴 것이 지금까지 교양과목을 거의 듣지 않아 기초 과목을 뺀 나머지는 사실상 전공과목이다. 달리 말해 수학 전공과목을 그동안 10개 넘게 들었다는 것이니 절로 탄식이 나올 수밖에. 게다가 지금 듣고 있는 과목을 합치면 90학점이 넘는다. 졸업 가능 최소 학점이 136학점이므로 정말 졸업이 머지않은 시점에 큰 결정을 내렸다는 게 실감이 난다.

빠르게 학점을 옮겨 적고 포털 창을 끄려는 찰나, 한 과목 이름이 눈에 들어왔다.「수학 특강: 대수적 그래프 이론」. 작년에 들었을 때는 참 재미있다고 생각했는데…… 지금은 너무 멀어져버린 과거가 되었다. 이미 심사숙고 끝에 결정한 일을 바꿀 생각은 추호도 없다. 다시 전과지원서를 보니 이제 정보를 적는 칸은 끝나고 유일하게 내 생각을 적는 '전과 사유' 칸만 남았다. 잠시 의자를 뒤로 젖히며 고민하다 이내 빠른 속도로 써내려간다.

⊞ 0100

중학생이 된 뒤 하늘을 찌를듯하던 나의 콧대는 무서운 속도로 낮아졌다. 아주 간단한 이유 때문이다. 수학 성적이 떨어져서. 어찌 보면 예견된 일이다. 나는 아주 게으른 사람이었고 문제를 풀 때 풀이가 보이면 끝까지 풀지 않았다. 자연스럽게 계산 능력이 떨어지면서 성적도 떨어졌다. 누군가 수학의 핵심은 계산이 아니라 증명이라고 했건만, 중학생인 나는 그 뜻을 이해하기에는 아직 어렸다. 이제 영재교육원에서도 잘난 나보다 잘하는 옆 친구들이 눈에 들어오기 시작했다. 나보다 잘하는 친구 중에는 내가 조금만 더 공부하면 닿을 수 있어 보이는, 실제로 그럴지는 모르겠지만, 그런 사람들도 있었다. 그러나 정말 나보다 얼마나 더 높은 경지에 있는지 가늠조차 되지 않는, 아득하게 먼 곳에 있는 친구들도 있었다. 단순히 지식만이 아니라 문제를 해결하는 스킬이나 직관력 등 모든 방면에서 따라갈 수 없을 것 같았다. 그 친구들이 우아하고 간결하면서도 멋진 발상으로 문제를 풀 때마다 나는 감탄하는 일 말고는 할 수 있는 게 없었다. 이른바 넘을 수 없는 벽을 처음 느꼈다. 서울과학축전에서 아무도 풀지 못한 최고난도의 퍼즐을 5분 만에 풀어낸 멋진 친구의 모습이 아직도 뇌리에서 잊히지 않는다.

그 친구들이 내가 쫓아가기에는 너무 먼 곳에 있었는지 아닌지는 사실 중요하지 않았다. 적어도 내 눈에는 그렇게 보였고 내 콧대를 납작하게 만드는 데 충분했다. 영재교육원의 경쟁률이 각종 정책의 영향으로 어마어마하게 떨어져 영재교육원을 다닌다는 사실도 무너진 자신감을 다시 세워주지는 못했다. 만약 소년 만화였다면 능력을 갈고닦아 화려한 실력을 가지고 복귀하는 일이 다음 순서겠지만, 안타깝게도 나는 그러하지 못했다. 자괴감에 빠져 수학 올림피아드 공부도, 내신 공부도, 그냥 목적 없는 공부도 모두 내다버린 채 게임 속에 빠져 하루하루를 내다버렸다. 이런 내가 과학고등학교에 합격한 건 그야말로 기적이라고밖에 설명할 수 없다. 소설을 한번 써보자면 영재교육원에서 알고 지내던 친구 한 명이 자기가 합격하기 힘들 것 같으니 내가 잘한다는 말을 면접 때 하지 않았을까. 쥐꼬리만큼도 말이 안 되는 소리라는 것을 잘 알지만, 그만큼 내가 합격했다는 일은 지금 돌이켜봐도 일어날 이유가 전혀 없는, 마치 유니콘을 본 것 같은 일이었다. 그렇게 나는 중학교 3년 동안 아무것도 하지 않은 채 고등학교로 진학했다.

⊞ 0101

고등학교에 들어가면서 나는 조용히 지내고자 다짐했다. 고등학교에는 나보다 압도적으로 수학을 잘하는 친구들이 엄청 많을 것이고, 나 같은 사람은 그 친구들을 쫓아가는 것만으로도 버거우므로 내린 결정이었다. 처음에 실시한 학력 평가에서는 전체 150명이 채 되지 않는 학생들 사이에서 100등이 넘는 수학 등수를 받았다. 첫 중간고사에서는 86등, 그리고 이후로도 계속 4등급과 5등급 사이를 오가는 점수를 받았다. 바로 옆에서 쏟아져 나오는 멋진 풀이들에 하루가 멀다 하고 감탄했다. 이처럼 내 추측이 옳았지만, 안타깝게도 원래 계획대로 조용히 지내는 데는 실패했다.

지금 돌이켜봐도 이유는 알 수 없지만 정신을 차려보니 어느새 나에게는 '수학 변태'라는 이미지가 씌워져 있었다. 나보다 더한 친구들도 많았고 내 수학 성적은 아주 낮았으니 틀림없이 매우 신기한 현상이었다. 어쨌거나 다행스럽게도 나는 당초 계획이 틀어진 것치고는 아주 잘 지냈다. 함께 수학 이야기를 할 수 있는 저 너머의 친구들이 있다는 건 즐거운 일이었고, 대화만으로도 내공이 쌓이는 기분이 들었다. 이때 나는 왜 수학이 즐거운지, 왜 수학 공부를 하는지 크게 고민하지 않았다. "소고기가 왜 맛있는가?"라는 질문에 아미노산이 어쩌고저쩌고 하는 이유를 듣지 못하더라도 고기는 그냥 맛있는 것처럼, 마땅한 이유가 없더라도 수학은 즐거웠다.

이 시기에는 정말 자유분방하게 살았다. 포항에 있는 P공대 면접 이틀 전에 지역 학생들 상대로 수학 체험전 부스를 운영했다. 카이스트 면접 일주일 전에는 생명과학 토의토론 대회를 나갔다. 상식적으로 이해되지 않는 일을 많이 했지만 하나하나가 모두 즐거운 경험이었다. 하지만 중학교 때부터 계속 들었던 의문은 그대로 머릿속에 남아 있었다. 나처럼 멍청한 사람이 계속 수학을 해도 될까? 이걸 계속해서 밥 벌어먹고 살 수 있을까? 많은 사람들의 조언을 들어보았지만 별로 큰 도움이 되지 않았다. 결정을 미루고 미루다보니 어느새 대입을 치르고 있었고, 어느새 대학에 진학하게 되었다. 수학은 못했지만 국어와 한국사, 생명과학 성적으로 어떻게든 대학에 다닐 수 있었다. 스펙이 수학과로 맞춰져 있었고 마땅한 선택지도 없어 나는 수학과로 진학했다.

[+] 0110

얼마나 누워 있었을까? 핸드폰에 연동된 메일함에 이메일이 도착하는 소리를 듣고 몸을 움직였다. 엄마가 사인해서 다시 나에게 보낸 메일이 도착했다. 빠르게 노트북을 열어 메일함으로 들어갔다. 곧바로 학사 시스템에 들어갔다. 학적 변동 신청 란의 전과 신청은 너무 많이 들어가봐서 안 보고도 들어갈 수 있겠다 싶었다. 신속하게 들어가 바로 업로드 버튼을 눌렀다. 크기가 얼마 되지 않는 파일이지만 학교의 와이파이 상태가 별로 좋지 않아 20초 정도 걸린다는 메시지가 떴다. 마치 영화처럼 마지막 순간에 잔뜩 고뇌하면서 부들부들 떨리는 손으로 확인 버튼을 눌러야 할 것 같았는데, 놀라울 만큼 덤덤하게 마지막 과정이 진행되었다. 잠시 고개를 돌리니 기숙사 안 책장이 눈에 들어왔다. 더밋-풋(Dummit-Foote)의 『추상대수학』, 더글러스(Douglas)의 『해석학』, 두 카르무(Do Carmo)의 『미분기하학』, 멍크레스(Munkres)의 『위상수학』…… 수학을 전공하는 사람이라면 한 번쯤 들어봤을 수학책으로 가득 찬 책장을 보니 그제야 오랜 친구와 결별을 선언했다는 사실이 어느 정도 느껴졌다. 하지만 아직도 실감이 나지 않는다. 다음 학기가 되어 수업을 들어야만 본격적으로 실감이 나려나…… 생각하고 있는 순간 전화가 걸려왔다. 지도 교수님이었다.

"네, 교수님. 네네. 네, 저번에 필요한 서류는 다 끝났고 이제 시스템에서 승인만 해주시면 됩니다. 네네. 네, 알겠습니다. 네."

짧고 형식적인 대화가 끝나고 바로 승인된 것을 확인했다. 이제 정말 나는 수학과 학생이 아니다. 그렇게 전과를 했다. 지금으로부터 3년 전의 이야기이다.

대학에 들어간 뒤로는 늘 힘들게 지냈다. 수업은 갈수록 어려워지고 빨라졌으며, 수업 시간에는 노트 필기만으로도 버거웠다. 숙제는 항상 구글의 힘을 빌려서 겨우겨우 해결했고, 매주 받자마자 시작해도 끝내지 못하는 숙제가 나왔다. 한 주도 쉬지 않고 쏟아져 나오는 어려운 숙제와 그걸 아무렇지 않게 해오는 옆 사람들, 답지를 봐도 이해하지 못하는 나 자신을 보며 힘들었고, 숙제에 쏟는 시간이 어마어마하다 보니 취미는커녕 자는 것과 먹는 것조차 제대로 하지 못했다. 게다가 다른 과 친구들은 프로그래밍이나 통신 회로의 원리와 같은 유용해 보이는 것을 배우면서 인턴이니 취업 준비니 하며 앞으로 나아가고 있는데, 나 혼자 이 세상에 존재하지도 않는 위상공간에서 여기가 하우스도르프 공간이냐 아니냐를 따지고 있으니 혼자만 뒤처지는 느낌이 들어 너무도 싫었다.

　카이스트에서 수학과 친구를 만드는 데 실패한 탓에 고등학교 때와는 달리 학교에서 수학 이야기를 나눌 사람이 거의 없었다. 수학을 하던 고등학교 친구들은 의학과, 컴퓨터공학과, 전자공학과 등 다른 곳으로 많이 빠졌다. 그나마 남은 몇 안 되는 친구 중에 한 명은 군대를 가버렸고, 다른 한 명은 힘들다고 휴학해버렸다. 그 친구들을 탓할 일은 아니지만 결국 나는 혼자 남았다. 수학이라는 장대한 괴물은 혼자서 상대하기 너무 버거운 상대였다. 고등학교 때와는 상황이 너무 달라져 더 이상 즐길 수 없었다. 늘 그렇듯 나는 옆에 있는 반짝반짝

빛나는 사람들에 비해 실력이 없었고 그 틈바구니에서 수학으로 먹고 살 자신이 없었다. 좀 더 솔직히 말하자면, 학점은 나쁘지 않았지만 학점이 괜찮다는 이유로 아무도 내 고민을 진지하게 들어주지 않았다. 수학 시험을 볼 때 쉬운 문제에서 점수를 깎이지 않도록 답안을 쓰는 테크닉이 좋았을 뿐, 문제가 조금만 어려우면 풀지 못했다. 수학을 잘한다는 말은 남들이 다 풀 수 있는 문제를 빠르게 푸는 것보다 남들이 풀지 못하는 문제를 푸는 것에 더 가깝다고 생각한다. 수학을 연구할 때도 후자가 더 중요하다. 그래서 나는 수학을 못한다고 생각했지만 아무도 내 학점을 보고 내 말을 듣지 않았다. 그러던 어느 날 엄마가 나에게 이렇게 말했다.

"아들, 교수는 포기하면 안 될까? 아들 요즘 너무 힘들어 보여……. 그리고 엄마가 책을 봤는데 요즘 갈수록 인구가 줄어서 교수 되는 게 정말 많이 힘들다고 하더라."

집에서는 최대한 티를 안 내려 했는데 이런 말을 들으니 내 상태가 얼마나 처참했는지 짐작이 간다. 물론 다른 과에서도 마찬가지로 힘들겠지만, 똑같이 힘들어도 먹고살 자신이 없는 과보다는 먹고살 자신이 있는 과가 낫겠다는 생각이 들었다. 그동안 수학만 공부해 수학에 관한 지식이 많았지만, 다른 분야는 아는 것이 많지 않았다. 나는 OOP(객체 지향 프로그래밍)가 뭔지도 모르고 컴파일러와 인터프리터의 차이도 몰랐다. 말 그래도 다른 전공 지식은 하나도 없는 상태였다. 공부를 따라가려면 수업도 힘들게 들으면서 따로 이것저것 많이 찾아봐야 하므로 전과를 하는 나에게 이것들은 진입 장벽으로 다가왔다. 그런데도 전과를 택하게 된 것은 따라갈 수 있겠다는 믿음보다는, 삼류 프로그래머는 먹고는 살아도 이류 수학자는 먹고살기 힘들겠다는 판단에서였다. 또 이대로 수학을 더 하면 정말 수학 말고 아무것도 할 수 없어 도망치는 것조차 선택할 수 없는 사람이 될까 두려웠다. 그렇게 나는 전과를 결심했다. 그리고 그때는 수학과 영원히 이별한 줄 알았다.

1000

전산과에 진학하고 3년이라는 시간이 흘렀다. 처음에는 전산과로 전과한 후 앞으로 수학을 볼 일이 별로 없을 줄 알았다. 그런데 이게 웬걸, 「알고리즘 설계 및 해석」 과목에서는 수학적 귀납법을 이용해 알고리즘의 정당성, 그러니까 이 알고리즘이 원하는 결과를 맞게 내주는지 증명하는 것을 배웠다. 「인공지능 개론」 과목에서는 기초 확률론과 수리통계에서 배웠던 확률 과정과 모수 추정을 배웠다. 「수리통계학」 수업에서 나를 괴롭히던 EM 알고리즘은 요즘 핫한 머신러닝에서 사용되고 있었고, 「이산 구조」 과목은 이산수학의 마이너 버전이었으며, 이산 구조를 가르친 교수님의 랩에서는 영상 인식을 위해 미분기하학을 연구하고 있었다. 내 친구의 지도 교수님은 특수한 종류의 머신러닝이 원하는 함수를 충분히 잘 계산할 수 있다는 것을 수학적으로 증명하는 연구를 한다(들어보니까 현재는 해보니 되더라 하는 수준이고 왜 되는지에 관한 증명은 없다고 한다).

지금의 나는 아직도 옆구리에 더밋과 풋의 대수학책을 끼고 사원수, 그러니까 허수를 i, j, k라는 세 가지를 넣어서 만든 3차원에 대응되는 체계 위의 어떤 특정한 집합이 복소수와 똑같이 생겼음을 보이라는 전산과 과목의 숙제를 하고 있다. 지금은 잘 모르겠지만 컴퓨터 내부에서 문자열을 사원수 꼴로 변형시켜서 저장하면 무슨 좋은 점이 있다고 한다. 어제 들은 강연에서는 컴퓨터의 특정 실수 연산을 위한 하드웨어를 무어그래프라는 꼴로 만들면 가장 좋은 효율을 얻을 수 있다는 내용을 들었다. 무어그래프는 내가 대수적 그래프 이론을 들을 때 가장 좋아하는 주제였다.

수학을 피해 간 곳에서 수학 공부를 하고 있다는 사실이 조금 우습지만, 예전에 수학을 공부한 시간이 코딩과 거리가 멀던 내가 전산과에서 무사히 살아남을 수 있도록 해준다는 사실을 보면 수학은 나와 참 질긴 인연인 것 같다. 돌이켜보면 수학과 멀어지려고 한 시기와 가까워지려고 한 시기는 있어도, 내 인생의 어느 구간을 보아도 수학이 빠지는 시기는 없던 것 같다. 수학의 한 분야인 위상수학에서 이러한 부분집합을 조밀하다고 표현하는데, 그러면 내 인생에서 수학은 조밀한 부분집합이라고 할 수 있을까? 밀도는 매번 달라져도 항상 수학이 조밀하게 들어 있는 삶, 그런 삶도 나쁘지 않겠다는 생각이 들었다.

수학은 체험하는 것!

전산학부 16 **윤석훈**

토요일에는 수학 과외를 끝내고 할머니 댁에 간다. 할머니 댁은 대전에 있기 때문에 시간이 날 때마다 시내버스를 한 번만 타면 구수하고 정성이 듬뿍 담긴 할머니의 밥을 먹을 수 있다. 어렸을 때부터 할머니 손에서 자란 터라 할머니 손맛이 깃든 꼬막무침을 한동안 먹지 않으면 좀처럼 입맛이 살지 않는다. 일주일에 한 번, 세 시간씩 고등학생 한 명과 수학 과외수업을 하는데, 과외를 하는 날만큼 피곤한 날도 없다. 과외를 받는 학생은 수학 시험에서 좋은 점수를 얻기를 바라지만, 문제를 푸는 숙제를 내줄 때마다 한숨을 푹 내쉰다. 스스로 문제에서 묻는 바를 고민하고 관련된 개념을 끊임없이 살피면서 자신의 사고 과정에 어떤 빈틈이 있었는지 파악해야 한다고 늘 이야기하지만, 아이에게 와 닿지 않는 모양이다. 한번은 아이가 한 단원의 개념을 두세 번 읽고 나서 자신 있는 표정으로 완벽하게 익혔다고 즐거워했다. 하지만 개념을 이해했다면 반드시 알아야 하는 질문을 하나 던지자 아이는 이내 어깨가 축 처지고 고개를 저으며 실망했다. 과외를 할 때마다 수학을 가르치는 일은 참 어렵다고 느낀다. 할머니가 차려준 저녁을 먹으며 푸념을 늘어놓으면 할머니는 늘 넉살 좋은 목소리로,

"사람마다 살아오고 배워온 과정이 다르니 거기에 맞게 천천히 가르쳐야 해."

라고 말한다. 그래서 한번은 나라는 사람은 어떻게 고교 수학까지 수월하게 공부해낼 수 있었는지 생각해보았다.

➕ 할머니와 주판

할머니 댁 텔레비전 아래에는 손때 가득한 오래된 주판이 놓여 있다. 초등학생 시절 나는 저녁마다 돋보기를 쓰고 주판알을 움직이는 할머니를 구경했다. 할머니는 늘 장터에서 사온 채소 가격과 버스 요금, 들어온 곗돈 등을 주판으로 계산해 손익을 따졌다. 주판알을 쓰면 덧셈과 뺄셈을 아주 빨리 할 수 있었다. 자리 올림, 자리 내림을 따지지 않아도 주판알에 부여된 숫자와 뀀대의 위치만 익숙해지면 손이 가는 대로 계산하고 결과를 알 수 있었다. 할머니는 두 자릿수 덧셈 뺄셈 대결을 하고 싶어 하는 손자를 언제나 귀엽게 보고 주판으로 대결에

임해주었다. 할머니는 그때마다 여유로운 주산으로 내 연필 계산보다 두 배는 빠르게 계산을 마쳤다. 그 모습이 너무 신기해 학교에서 가르치지도 않는 주산을 어떻게 배웠냐고 물어보았다. 할머니는 벽돌 공장에서 일할 때 벽돌 숫자를 빠르게 세려고 공장 사람에게 배웠다고 했다. 할머니는 특히 곱셈에 능했다. 내가 더 어렸을 때, 하루 용돈이 늘 500원짜리 동전 한 닢이라 장난감도, 수박도 못 산다고 투덜대곤 했다. 할머니는 어린 내게 500원을 1년만 저금통에 넣으면 18만 원 남짓 되어 자전거를 하나 사고도 수박을 여덟 통을 살 수 있다고 알려주었다. 매일 500원짜리로 사탕을 사 먹지 않고 그냥 두면 세뱃돈으로나 받을 수 있는 1만 원권 지폐가 18장이 된다는 말을 쉽게 상상하지 못했다. 그래도 1년 동안 군것질을 하지 않고 500원을 받는 즉시 저금통에 넣어보았다. 1년 후에 저금통에 모인 돈으로 내 자전거는 물론 누나 자전거까지 장만하고 나서 할머니의 말씀이라면 곧이곧대로 믿게 되었다. 내가 어렸을 때 할머니는 수학 천재였다. 중학생이 되고 나서야 할머니는 학교도 다니지 못했고 한글을 읽을 줄 모른다는 사실을 알게 되었다.

[+] 할머니의 수학

할머니는 한평생 육체노동자로 살았다. 벽돌 공장에서는 시멘트의 양을 어림하거나 벽돌의 수를 셌고, 섬유 공장에서는 자로 치수를 표시

◆초등학생 시절 나는 저녁마다 돋보기를 쓰고 주판알을 움직이는 할머니를 구경했다.

했다. 건물의 벽돌도 쌓고, 식당에서 밥도 짓고, 건물 계단도 닦고, 포장마차도 열어보는 등 수많은 직종에서 일용직 노동을 했다. 할머니는 매달 나갈 집세와 보험료, 아버지의 육성회비와 식비 등을 계산하고 자신의 노동 수당에서 30을 곱한 뒤 그 값을 빼야 했다. 그래서 할머니에게 한 달을 나타내는 30과 1년을 나타내는 365는 단골 숫자였고, 주판이 없이도 30과 365의 배수는 쉽게 떠올릴 만큼 익숙해졌다고 한다. 까막눈이어서 활자를 읽지 못해도 할머니는 덧셈과 뺄셈, 부피 어림과 길이 측정, 그리고 몇 가지 숫자들을 오랜 시간, 절실하게 체험해왔다.

"공장에서 물건들이 쉴 새 없이 움직이는데 셈을 놓쳐버리면 간부들에게 돌대가리라느니 근본이 없다느니 된통 욕을 먹었지. 실수하면 같이 일하는 아낙들이 더 고생이야. 일 그만하라고만 하지 않아도 얼마나 다행이던지."

어린 시절 나는 그런 할머니를 보고, 숫자를 오래 관찰하고 숫자의 크기가 체험될 만큼 익숙해지는 것이야말로 그 숫자를 제대로 이해하는 것이 아닐까 생각했다. 그렇게 초등학교 때까지 나는 할머니 곁에 지내면서 숫자들을 관찰하며 셈하기나 돈 세기를 좋아하고 잘하는 꼬마가 되었다.

⊞ 어머니의 수학

물론 수를 계산하면서 수를 들여다보고 체험하는 것만으로 모든 수학 내용을 쉽고 재미있게 익힐 수는 없었다. 수학의 많은 내용은 더 논리적으로, 추상적으로 요약되었고 대개는 일반화되었기 때문이다. 나는 중학생이 되어 중학교 수학 교사인 어머니와 살게 되면서 어머니가 차려준 밥을 먹고 가끔 공부도 지도받을 수 있었다. 중학교에 올라간 나는 처음에 계산에는 능했지만 집합과 같은 논리적 영역이나 그래프나 방정식에 담긴 의미를 잘 이해하지 못했다. 한번은 어머니가 내가 문제를 풀 때 그냥 사용하고 있던 한 그래프 공식을 가리키며, 왜 그 공식이 옳은지 설명해보라고 했다. 나는 대답하지 못했다.

"스스로 설명하지 못하는 공식을 사용하는 것은 수학을 공부하는 자세가 아니야."

"이해도 안 되고 딱딱하고 그래서 와 닿지 않아요."

"딱딱해 보이는 공식들도 이해하고 체험하는 방법이 있어. 바로 증명이지."

엄마는 공식을 스스로 증명해보면 그 내용을 자연스럽게 체험하게 된다고 했다. 실제로 많은 공식은 더 간단하고 당연해 보이는 사실들로 증명할 수 있었다. 산수를 많이 대할수록 숫자가 더 와 닿듯이 문제를 많이 풀수록 내가 증명한 공식이 자연스러운 생각으로 자리 잡고 체험한다는 것을 느끼게 되었다.

다른 공부도 수학 공부와 마찬가지로 많이 관찰하고 체험할수록 내 머릿속에 굳게 자리 잡고 활용된다는 사실을 알았고, 그 뒤로는 공부하는 즐거움을 느꼈던 것 같다. 특히, 수학은 관찰한 시간과 양을 배신하지 않았다. 수학 문제의 답은 오로지 하나로 정해져 있고 그만큼 빈틈없고 완전해서, 내가 이해하고 체험한 모든 내용이 문제를 푸는 중요한 도구로 사용되었다. 그렇게 새로운 상황들도 이해되고 풀이되자 어느새 수학은 즐거운 일상이 되었다.

할머니는 밥의 반 공기를 남겨서 항상 물에 말아서 먹는다. 일터에서 급하게 먹는 게 습관이 되었다고 하는데, 언제나 나보다 훨씬 먼저 식사를 끝내고 한 주간 동네 할머니 할아버지 사이에서 있었던 이야기를 꺼낸다.

"우리 손자가 거기 그 '카이쓰' 다닌다니까 왜 다들 어딘지를 모르는지 답답해. 일류 학괜디."

'카이스트'라는 글자를 모르고 영어를 발음하기 어려워하는 할머니는 항상 주변에 어르신들에게 내가 '카이쓰'를 다닌다고 말한다. 내가 할머니의 내로라하는 손자라는 사실이 뿌듯하고 자랑스럽지만, 자꾸 당신을 낮추어 이야기하는 것이 영 불편하다.

"할머니도 학교 잘 다녔으면 박사님 하셨을 거예요. 얼마나 똑똑하신데요."

"글자도 못 읽는 걸, 뭘."

"에이, 근데 오늘은 얼마 버셨어요?"

"19,300원 벌었지. 아니지. 오늘은 버스 카드 찍었으니까 18,050원 벌었네."

우리 할머니를 생각하면 내 과외 학생도 꼭 수학 공부가 아니더라도 한평생 절실하게 체험하고 익숙해질 무언가가 있지 않을까 생각해본다. 웃고 있는 할머니의 얼굴을 보면 열심히 살아온 사람은 언제 보아도 고운 것 같다.

제2부

알아두면 쓸 데 있는
신비한 수학 지식

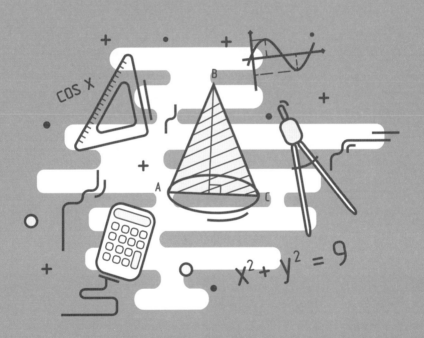

‘악마의 정리’를 뛰어넘은 사람

$$\boxed{+}\ \boxed{-}$$
$$\boxed{\times}\ \boxed{\div}$$

기계공학과 16 **지원희**

모두 우연으로부터 시작했다. 케임브리지에서 나고 자란 열 살 정도의 소년은 어느 날 학교에서 집으로 돌아오던 중 도서관에서 우연히 하나의 정리를 만나게 된다. 일반적으로 3 이상의 지수를 가진 정수는 이와 동일한 지수를 가진 다른 두 정수의 합으로 표현될 수 없다는 내용을 담은 정리였다. 단순한 형태로 살펴본다면 기초 수학에서 배우는 ‘피타고라스의 정리’와 매우 유사한 형태였다. 그래서 소년은 그 문제를 풀어내겠다는 당찬 마음가짐으로 매달린다. 하지만 끝이 보이지 않았고 도저히 풀 수 없다는 것을 깨닫고 만다. 실패에 대한 오기였을까. 소년은 이 정리를 증명해내는 것을 인생 목표로 잡는다. 그 정리가 수 세기에 걸쳐 해결되지 못한 불멸의 추론, 수많은 수학자를 명예와 부의 함정으로 빠뜨린다는 '악마의 정리'로 불린다는 사실을 알고 나서도 말이다.

이 호기심 많고 용감했던 소년의 이름은 앤드루 와일스이다. 그가 우연히 만난 그 정리의 이름은 수 세기가 지나도 도저히 풀리지 않는 마지막 남은 정리라 하여 '페르마의 마지막 정리'였다. 이 둘의 운명적인 만남은 페르마의 마지막 정리를 풀어내려는 기존 수학자들의 족적에 이어 새로운 차원의 수학으로 나아가는 도화선이었다.

― '페르마의 정리'의 탄생

모든 것의 출발은 피타고라스(Pythagoras)의 정리에서 비롯되었다. 피타고라스는 직각삼각형 빗변 길이의 제곱은 다른 두 변의 제곱을 합한 것과 같다는 '진리'를 발견했다. 이 업적은 단순히 그 진리의 황홀함에 머무는 것이 아닌 더 나은 발전을 요구했다. 정수의 지수가 2보다 큰 정수라면 어떨까? 역사적으로 작은 호기심에서 위대한 발견과 진전이 이루어지기도 하지만, 이 경우는 끔찍한 악몽의 시작이었다. 호기심은 후세에 남겨진 수학책 『아리스메티카』를 공부했던 17세기 최고의 프랑스 수학자로 일컬어지는 페르마(Pierre de Fermat)에게도 이어졌다. 『아리스메티카』에 있던 피타고라스의 정리와 삼각수를 보면서 페르마도 동일한 호기심이 생겼고, 전대미문의 추론을 책에 남긴다.

◆이 글에는 모든 역사의 시발점인 페르마의 도발이 기록되어 있다.

나는 이것을 경이로운 방법으로 증명하였으나, 책의 여백이 충분하지 않아 옮기지는 않는다.

– 페르마

그저 여백이 부족했을 뿐 풀어냈다는 자신감이 담긴 이 도발은 수세기에 걸쳐 수학사를 뒤흔든다. 그 결과 수많은 수학자들이 풀지 못했다는 압도적인 무력감을 맛본다. '아마추어 수학의 왕자'가 남기고 간 그 도발에 사람들의 반응은 엇갈렸다. 한쪽에서는 페르마의 성격상 거짓말은 하지 않으므로 정말 증명했을 거라는 의견이 나왔고, 도저히 풀 수 없었던 막막함에 페르마가 틀렸다는 의견도 나왔다. 시간이 지날수록 후자의 의견에 무게가 실렸다. 페르마의 '경이적인 방법'은 그저 후세의 수학자들에게 깊은 절망감과 조롱만 선사할 뿐, 마치 한 치 앞도 알 수 없는 정글과 같았다.

페르마의 추론은 와일스에게 다가오기 전, 수많은 수학자의 손에서 다루어지면서 점점 '난공불락의 문제'라는 호칭을 얻어갔다. 수학자들은 각자 가장 최신의 방법과 개념으로 문제에 접근했다. 시간이 지날수록 방식이 개선되고 다양해지면서 점차 부분적인 해결을 이루며 성과를 만들어냈다. 하지만 완전한 증명은 여전히 어려웠다. 점점 쌓여가는 악명과 함께, 꼭 증명해야 하는 건지 회의감이 들기 시작했다. 과연 페르마의 마지막 정리로 수학적인 진보를 이루어낼 수 있을까? 그저 명예를 위해, 닿을 듯 닿지 않는 대상에 막연한 기대감으로 문제를 풀어온 것은 아닐까?

그러나 역사는 이러한 회의론에 잔잔하게 대답한다. '미궁을 돌며 괴로움에 빠져 어디로 가는지 모르는 불안감에 빠져도, 진리를 찾고 있다는 사실은 변함이 없다. 이 사실만으로도 값질 뿐 아니라 자연스레 부가가치도 따라오기 마련이다' 물론 페르마의 마지막 정리를 접한 수학자들은 끔찍한 난이도에 기겁해 진리를 찾는 즐거움보다 증명 속에서 답을 찾지 못해 방황할까봐 두려웠을 것이다. 수학자들은 역사를 만들어가는 구성원이지, 역사 전체를 미리 내다볼 수 있는 초월적인 존재가 아니다. 당연히 방황을 두려워할 수 있다. 그러나 이를 뛰어넘고 인생을 투자하는 수학자들은 그 시도 자체로 담대함의 끝을 보여주는 것이라 생각한다.

⊟ 거인의 어깨 위에서

담대한 시도로 '최초의 불완전한 승리'를 이끈 명장이 있었다. 그의 이름은 오일러(Leonhard Euler). 18세기를 대표하는 천재 수학자로 직관과 영감이 괴물과도 같은 수준이었다고 전한다. 하지만 인생 중반 이후 시력을 잃는 상황에 놓이는데, 오히려 천재적인 수학 활동은 이 시기에 꽃을 피웠다고 한다. 이미 머릿속에서 모든 구상과 암산이 가능했다는 사실에 천재성을 어렴풋이나마 짐작할 수 있다. 오일러는 페르마가 남긴 또 다른, 여백 속 주석의 정수의 지수가 4인 경우를 재구성해 완벽하게 증명한다. 그 이후 당시 도입되었던 허수의 개념을 응용해 귀류법으로 지수가 3인 경우가 성립함을 증명한다. 오일러의 천재적인 성과로 인류는 페르마의 마지막 정리라는 길고 어두운 터널을 빠져나올 수 있었다. 또 허수의 응용이라는 중요한 업적을 후세에 전했다. 오일러의 업적으로 페르마의 마지막 정리의 양상은 사뭇 달라졌다. 지수가 3, 4인 경우를 증명했기에, 앞으로 모든 소수에 성립하는 것을 보이면 3 이상의 모든 정수의 경우를 증명할 수 있었다. 물론 소수는 무한히 많으며, 지수가 소수인 모든 경우를 증명하라는 문제는 불가능에 가까워 보였다.

바통을 이어받은 사람은 제르맹(Marie-Sophie Germain)이었다. 제르맹은 소수 중 규칙적인 경우를 제한하며 문제에 접근하기 시작한다. 즉, 스스로 소수이며 그 두 배에 1을 더한 값 역시 소수인 '소피 제르맹 소수'의 경우에 증명이 성립한다는 추론을 내놓는다. 이 추론은 후대의 수학자가 참으로 밝혀 페르마의 정리라는 '야생의 정글'에 제르맹의 소수라는 '포장도로'를 놓는 획기적인 결과로 나타난다. 물론 당시는 100 이하의 소수에 대해서만 증명에 성공했을 뿐, 전체 제르맹 소수를 설명하기는 불가능했다. 그러나 이러한 천재적인 직관과 추론으로 인류의 갈 길이 제법 눈앞에 보이기 시작했다.

그 후 잠잠한 성과를 이어나가던 가운데 코시(Augustin-Louis Cauchy)와 라메(Gabriel Lamé)가 페르마의 정리를 증명했다는 소식이 들려 수학계 전체를 뒤흔들었다. 그러나 두 사람의 논리 속에는 복소수에 의한 소인수분해를 고려하지 않았다는 오류가 발견되었고, 이러한 오류를 발견한 쿠머(Ernst Eduard Kummer)가 두 사람의 바통을 이어나간다. 쿠머는 소수를 정규 소수와 비정규 소수라는 분류 체계로 나누었다. 그리고 지수가 규칙적인 정규 소수의 경우 페르마의 정리가 성립한다는 증명을 보인다. 이러한 증명 과정을 통해 근대 정수론의 터를 닦는다. 점차 인류가 페르마의 마지막 정리의 끝에 도달하는 것인가? 하지만 '악마의 정리'는 다가가면 다가갈수록 멀어지는 듯했다. 비정규 소수를 풀 수 있는 방법이 없다는 결론은 수학자들을 암담하게 했다. 터널 속에서 빛을 따라가보니 터널을 지나온 것은 맞지만, 그 빛은 출구가 아닌 작은 등불로부터 오는 것이었다. 그리고 출구의 행방을 찾아 방황하며 달려온 수학자들의 고통, 희망, 즐거움의 역사 앞에 앤드루 와일스가 있었다. 그는 수학자들의 고통을 느끼며, 이번에는 자신이 풀겠다는 순수한 열정에 강하게 사로잡혔다.

⊟ 운명적인 연결 고리

앤드루 와일스가 케임브리지에서 대학원생으로 보낸 시간은 그에게 매우 중요한 준비 기간이었다. 늘 머릿속 구석에 자리 잡고 있던 그 정리를 잠시 뒤로하고, 지도 교수 존 코티스의 조언에 따라 타원 방정식 분야를 전공한다. 이 선택이 향후 엄청난 터닝 포인트로 다가온다. 와일스의 타원 방정식 연구는 명성을 떨쳤고, 각 타원 방정식의 해집합과 관련한 E-급수를 연구한 성과는 나중에 페르마의 정리를 증명하는 데 매우 핵심적인 역할을 했다. 물론 당시 자신의 연구가 직접적으로 증명과 관련 있을 줄은 몰랐을 테다. 하지만 이미 직관으로 깨닫고 있었을지 모른다. 와일스가 연구한 E-급수의, 해를 구하는 방향이 마치 페르마의 마지막 정리에서 해가 없다는 것을 밝히려는 간접적인 준비 과정으로 보이지 않는가? 와일스의 노력은 저 멀리 일본의 타니야마(Yutaka Taniyama)와 시무라(Goro Shimura)의 연구와 연결되면서, 그의 열망을 구체화할 날이 점차 다가오고 있었다.

타니야마와 시무라는 모듈 형태론를 연구하고 있었다. 당시 여론은 모듈 형태론과 타원 방정식을 서로 독립적인 분야로 취급하며 둘 사이의 연관성은 찾아보기 힘들다고 보았다. 하지만 두 사람은 이 지배적인 여론을 정면으로 박살내는 추론을 발표한다. 타원 방정식과 모듈 형태가 대응되는 동일한 관계라는 것이다. 이 추론은 수학계에 매우 큰 충격으로 다가왔고, 와일스에게도 소식이 전해졌다.

나는 여기서 운명적 만남이 무엇인지 어렴풋하게나마 느낄 수 있었다. 사람과 사람 사이의 두근거리는 만남은 아닐지라도, 지성으로 쌓아올린 지식과 업적이 한데 모여 범인류적 차원에서 어우러질 수 있음을 느꼈다. 그렇다. 와일스의 연구 분야가 페르마의 정리로 연결되는 결정적인 다리가 타니야마-시무라의 추론 덕분에 놓일 수 있다. 각기 다른 기술과 기술, 학문과 학문이 만나 융합하는 과정은 언제나 새로운 시너지를 가져오는데, 타니야마-시무라의 추론에 의하면 이 시너지는 엄청난 것이었다. 훗날 이러한 가능성 있는 시너지를 와일스가 현실로 구체화한다면, 그 순간 대통일 수학이라는 원대한 목표가 시작되고, 분야 간 상호 교류는 새로운 방향으로 수학계를 이끌 것이다.

물론 타니야마-시무라의 추론과 페르마의 정리 사이에는 추론 발표 당시 어떠한 관계도 찾아볼 수 없었다. 그저 타니야마-시무라의 추론이 정말 성립하는지 수학계의 폭발적인 관심만 있었을 뿐이다. 그러던 중, 프레이(Gerhard Frey)가 수학자들의 넋을 놓게 하는 추론을 제안한다. 우선 프레이는 페르마의 정리를 타원 방정식으로 변형한 '프레이의 타원 방정식'을 만들었다. 페르마의 방정식에 정수해가 존재한다면, 프레이의 방정식도 성립한다는 점을 주목해야 한다. 여기서 만약 타니야마–시무라의 추론이 맞다면, 모든 타원 방정식에 모듈적 성질이 있어야 하며, 프레이가 제안한 타원 방정식은 존재할 수 없고, 이에 페르마의 정리가 성립한다는 의미를 갖는다. 프레이가 발표할 당시 이 연결 고리에는 오류가 존재했지만, 켄 리벳(Ken Ribet)의 통찰력 있는 증명으로 연결 고리를 확실하게 연결했다. 즉, 타니야마–시무라의 추론을 증명한다면 페르마의 마지막 정리가 증명되는 동시에 대통일 수학을 열어버린다는 것이 프레이의 추론이 가지는 의미이며, 이는 수학사에 길이 남을 위대한 업적으로 자리매김한다는 의미이기도 했다.

이제 페르마의 마지막 정리를 증명하기 위해 남은 과정은 오직 타니야마–시무라의 추론을 증명하는 일. 정수론의 대서사시에서, 모듈 형태론과 타원 방정식 간 융합, 대통일 수학의 길로 나아가는 출발점이 남아 있는 것이다. 그러나 이 증명은 무척 힘들었고, 페르마의 정리를 증명하기 어려운 만큼 타니야마–시무라의 추론도 증명하기 불가능한 것 아니냐는 주장이 나왔다. 점차 증명 불가능하다는 비관론이 드리우기 시작했다. 그 앞에, 정말 '우연히도' 타원 방정식으로 두각을 드러낸 앤드루 와일스가 있었다. 어릴 적 인생 목표로 설정한 페르마의 정리가 타니야마–시무라 추론의 증명 문제로 바뀌어 그의 앞에 놓여 있었고, 그가 다룰 수 있는 분야로 들어온 것이다. 와일스는 타니야마-시무라의 추론을 증명하기 전 스스로 철저히 준비 과정을 거쳤다. 최신의 계산법을 끝없이 연습했고, 타원 방정식과 모듈 형태에 관한 수학을 공부하며 무려 18개월 동안 기나긴 인내의 준비 시간을 보냈다. 그러나 그것은 시작에 불과했다.

와일스는 오롯이 페르마의 정리를 증명하는 과정에만 몰두했다고한다. 외부와의 교류를 거의 없애고 스스로를 고립시키며 극한의 집중 상태에 도달하려 했다. 이와 더불어 새로운 아이디어를 이끌어내는 영감을 중요시했다. 그의 아이디어 메커니즘은 완전한 집중과 휴식에서 온다. 다시 말해, 집중을 통해 얻은 통찰과, 휴식을 통해 얻은 영감을 연구를 돌파해나가는 원동력으로 삼았을 것이다. 그는 긴 세월 철저한 집중을 위해, 그리고 연구 성과의 유출을 방지하기 위해 스스로를 외롭게 만들었다. 게다가 공유와 의견 교류를 이어가던 수학계의 관례를 깨며 시너지의 가능성을 배제했다. 이러한 연구 상황은 마치 심리적 고갈 상태와 연구의 진전 사이의 치킨 게임과도 같았다. 그러나 아무리 힘들고 고통스러운 상황이 온다 해도 그에게는 믿어주는 가족과 자기 자신이 있었다. 강인함과 뜨거운 열정으로 인내하며 버티는 위대한 수학자의 모습이 있었다.

□ 천당과 지옥, 그리고 완성

와일스는 본격적인 증명을 위해 19세기 갈루아(Évariste Galois)의 업적인 군론을 활용했다. 귀납법과 군론을 바탕으로 '악마의 정리'의 첫 도미노를 쓰러뜨린 것이다. 이 과정만 2년이 걸렸다고 한다. 나는 이 긴 시간 동안 와일스가 스스로를 의심할 수도 있었다고 생각한다. 뚜렷한 업적이 나오리라는 보장도 없었고, 증명은 못하고 평생 방황 속에서 지낼 수도 있었다. 그러나 그는 페르마의 정리가 아니더라도 무언가를 증명하리라는 확신을 가졌다. 무엇보다 이 과정을 즐겼다! '지지자 불여호지자 호지자 불여락지자(知之者 不如好之者, 好之者 不如樂之者), 아는 자는 좋아하는 자만 못하고 좋아하는 자는 즐기는 자만 못하다'의 전형을 보여준다. 2년 동안 증명을 전개하면서, 긴 시간이지만 순탄한 증명 과정을 보내던 그에게 갑자기 아이디어의 침체기가 찾아왔다. 마땅한 수학적 테크닉이 떠오르지 않는 당시의 상황을 그는 "어두운 아파트를 더듬거리는" 것 같았다고 묘사한다. 그 어두운 곳에서 출구가 어디인지 모르는 불안에 떨어야 했던 와일스의 심정은 감히 상상하기도 어렵다. 이러한 상황에서 SOS를 요청한다. 물론 실제로 SOS 신호를 보낸 것은 아니지만, 밖으로 나와 아이디어를 얻기로 결심한다.

와일스는 타원 방정식 관련 학술 대회에서 클리버긴-플라흐의 방법을 채택하고 이 방식을 확장해 침체기에서 벗어난다. 그리고 증명을 완성한다. 여기까지 7년. 매우 긴 시간을 보내며 노력한 그의 열정은 상대적으로 간결한 세 번의 강연으로 세상에 드러난다. 아이작 뉴턴 연구소에서 세 차례 진행한 강연은 세계를 뒤흔들기에 충분했고, 그는 인생의 목표를 '거의' 이루어냈다.

다만, 오류 하나가 증명 과정에서 발견되었다. 작은 오류이므로 곧 수정되어 완전한 증명 과정으로 인정받을 것이라는 여론이 지배적이었다. 그러나 시간이 지나면서 심각한 오류일 수 있다는 소문이 퍼졌고 와일스는 다시 잠적해 오류 수정에 몰두했다. 인생의 목표를 이루었다고 생각했는데, 증명을 완성하지 못할 수도 있다는 생각에 공포와 절망감이 몰려왔을지도 모른다. 사실 이러한 심리적 고통은 보통 사람이었다면 회복하기 어려웠을 것이다. 목표를 이루었다고 생각해 후련했을 마음을 다시 추스르고 열정적으로 문제에 접근해야 하는, 스스로를 강제하는 상황 자체도 고통이었을 것이다. "꿈을 잃어버린 느낌" 속에서 연구를 마무리했다는 그의 말은 상실감을 잘 보여준다. 오류를 해결할 방법이 떠오르지 않아 포기 단계까지 이르렀다고 한다. 마지막으로 증명에 왜 실패했는지 이유는 알고 실패하자는 비참한 생각까지 도달했을 때, 과거 그가 채택했다가 실패한 '이와자와 이론'을 떠올렸다. 그리고 기적적으로 자신의 증명을 되살리는 데 성공한다. 그 순간, 모든 것이 끝난 그 순간, 와일스는 이렇게 회고한다.

그것은 말로 표현할 수 없을 정도로 아름답고 간결하면서도 우아했어요. 왜 이 사실을 진작 발견하지 못했는지 이해가 되지 않았습니다.

정말 기쁘면서도 어이가 없어서 계산 결과를 20분 동안 멍하니 바라보았습니다. 그러고는 밖으로 나와 수학과 건물 내의 복도를 이리저리 거닐다가 다시 자리로 돌아와서 제가 발견한 것이 아직 그대로 있는지 확인해보았습니다.

그는 정말 천당과 지옥을 오고 갔다. 이제 아내에게 자신의 인생이 담긴, '악마의 정리'를 증명한 논문을 생일 선물로 줄 수 있었다. 1995년 두 편의 논문을 발표하면서 증명한 사실을 인정받았다. 진정으로 페르마의 마지막 정리를 뛰어넘은 사람이 되었고, 타원 방정식과 모듈 형태론을 연결한 대통일 수학의 지평을 연 위대한 수학자가 되었다. 수많은 수학자의 고민과 애환, 고통과 성취, 환희와 절망이 섞인 페르마의 마지막 정리는 와일스의 손에서 종결되었다. 그는 수학사를 지탱하는 거인의 어깨 위를 넘어서 새로운 차원을 열었다. 자신이 직접 거인이 되어 수학계를 이끌게 되었다.

와일스가 이룬 페르마의 마지막 정리 증명은 '현대 수학의 야심작'으로 평가받는다. 실제로 페르마의 추론이 현대 수학에 버금가는 통찰로 만들어진 것인지, 아니면 페르마의 추론이 그 당시에는 타당하지 못한 어림짐작이었는지 아무도 알 수 없다. 그러나 페르마의 추론이 참인지 여부와 상관없이 인류는 페르마의 마지막 정리와 함께 성장해왔다. 많은 수학자가 증명하기 위해 노력하는 과정에서 허수의 응용, 근대 정수론의 시작, 모듈 형태론과 타원 방정식의 융합, 대통일 수학의 시작이 이루어졌다. 도달할 수 없을 것이라는 '악마의 정리'는 인류가 오랫동안 놓지 못한 난제의 이름값만큼 인류의 지성을 더욱 성장하게 만든, 미운 정과 고운 정을 다 준 파트너였던 것이다. 그 파트너와의 마라톤은 끝났다. 그러나 밀레니엄 문제라는 이름으로 같이 달려갈 다른 파트너들은 도처에 있다. 인류의 성장은 이 파트너들을 향한 도전이 계속되는 한 지속될 것이며, 함께 성장하는 동안 엄청난 부가가치와 발전이 따라올 것이다. 와일스의 증명은 순수수학에서도 소중한 도전이었지만, 곧 인류 전체에도 소중한 도전이었다.

이와 같은 동반 성장은 수학에서만 적용되는 건 아니다. 분야를 가리지 않고 진리를 깨닫고자 노력하는 도전은 그 자체로도 아름다우며, 모든 도전이 결국 인류에게 도움이 된다는 사실을 알아야 한다. 자신의 노력이 보잘것없다고 생각하는 의심보다, 해낼 수 있다는 믿음과 방황을 이길 수 있는 담대함을 갖추는 것이 무엇보다 중요하다. 와일스와 같이 끊임없는 노력과 열정을 유지한다면 자신의 분야에서 이루어낼 수 있는 '무언가'를 확실히 얻을 수 있다. 와일스의 분야가 우연히 맞아떨어져 증명 과정으로 연결되는 모습을 보고, 성공의 소유권은 기회를 놓치지 않는 행운아에게 주어진다고 반박할 수도 있다. 물론 맞는 말이다. 그렇다고 기회를 잡기 위해 노력해온 과정과 목표를 향한 열정은 아무런 의미가 없을까? 노력하는 과정에서 기회의 싹이 생겨나고 목표를 향해 비집고 들어가는 틈이 생기는 것이 아닐까?

페르마의 마지막 정리를 뛰어넘은 사람, 앤드루 와일스. 하지만 평생의 목표를 위해 달려온 세월 속에서 온갖 노력과 허탈함, 그리고 해방감을 겪은 그는 더 이상 페르마의 마지막 정리를 넘어선 사람이라는 호칭만으로는 적합하지 않다. 마침내 스스로를 뛰어넘는 위대한 사람이 되었고, 그래서 자유를 얻었다. 그의 삶에 존경을 보내며 이 글을 마친다.

페르마의 마지막 정리를 대신해줄 만한 문제는 없습니다. 그것은 어린 시절부터 저의 꿈이었고, 이제 그 문제를 풀었습니다. 앞으로는 다른 문제를 풀어야겠지요. 개중에는 너무 어려워 풀고 난 뒤에 커다란 성취감을 느낄 수 있는 문제도 있겠지만, 페르마의 마지막 정리와 비교할 수는 없을 겁니다. ……저는 8년 동안 한 가지 문제만 생각했습니다. 아침에 일어나서 잠자리에 들 때까지 단 한시도 그 문제를 잊은 적이 없습니다. 한 가지 생각만으로 보낸 시간치고는 꽤 긴 시간이었지요. 저의 여행은 이제 끝났습니다. 마음이 아주 편안하군요.

– 앤드루 와일스

무한에 다가가는 유한한 존재

전산학부 15 **양세린**

'무한 리필' '무한 반복' '무한 도전'……. 오늘날 무한이라는 개념은 우리 생활에 자연스럽게 스며들어 있다. 아마 대부분 사람들은 '끝이 없는 무언가'를 나타낼 때 무한이라는 개념을 사용할 것이다. 예를 들어 '무한 리필'이란 말을 떠올리면 끊임없이 먹을 수 있는 고깃집이나 카페를 생각한다. 이렇게 무한은 제한 없이 무언가를 할 수 있다는 의미를 갖기에 '고기 무한 리필'이나 '아메리카노 무한 제공'이라는 표현에 사람들은 여유와 행복을 느낀다.

그렇다. 무한은 제한이나 한계가 없다는 것을 뜻한다. 그러나 수학에서 사용되는 무한의 개념은 끝이 없다는 것 이상의 의미를 지닌다. 그리고 오늘날 중요한 수학의 원리를 정립하고 세상의 현상을 설명하고 있다. 우리에게 너무나도 익숙한 '무한'이라는 개념은 수학사에서 어떻게 발전해왔을까? 또 수학에서 어떤 역할을 하고, 오늘날 무엇을 가능하게 만들었을까?

☐ 무한에 접근했던 사람들

무한이라는 단어를 스스럼없이 사용하는 오늘날과 달리, 오래전에는 이 표현이 금기시되었다. 당시 사람들은 자신이 살고 있는 지구와 우주의 존재에 궁금증이 끊이지 않았다. 하늘 위에 떠 있는 태양과 달을 보며, 수없이 펼쳐져 있는 빛나는 별들을 보며 그들은 생각했다. 과연 우리가 사는 지구가 우주의 중심일까? 우주는 끝없이 펼쳐지는 것일까? 이 세상은 영원히 흘러가는 것일까? 그들은 스스로는 감히 알 수 없는 지구 밖의 세상을 통해 무한이라는 개념을 생각했지만 아무도 해답을 찾지는 못했다.

이때부터 무한은 마치 인간은 건드릴 수 없는 신의 영역처럼 여겨졌다. 무한은 신만이 알고 다스릴 수 있는 영역이었기에 감히 인간은 다가갈 수도 없고, 다가가서도 안 되는 개념이었다. 더불어 직관적으로 이해하기도 힘들고 상상도 되지 않는 무한의 개념은 생각하면 생각할수록 사람들을 혼란에 빠뜨렸다. 그들이 이해하기에 무한은 너무나도 압도적인 개념이었다. 이렇게 눈에 보이지도 않고, 셀 수도 없으며, 상상하기까지 힘든 개념은 인간의 영역을 벗어난다는 판단으로 오랜 시간 언급하는 것조차 금지되었다. 무한에 도전했던 이들은 신에게 도전한다며 비난받아야 했고, 때로는 생명을 담보로 무한에 도전해야 했다.

그럼에도 무한에 대한 사람들의 궁금증은 끊이지 않았다. 자신이 도달하지 못하는 곳을 향한 갈망과 동경은 더더욱 무한의 세계에 빠져들게 했다. 무한에 관한 토론은 계속되었고 그 중심에는 제논(Zenon of Elea)이라는 그리스의 철학자가 있었다. 제논은 무한과 관련된 역설을 이야기했다. 트로이 전쟁의 영웅인 아킬레우스와 느린 동물의 대명사인 거북이의 달리기 시합을 생각해보자. 만약 아킬레우스와 거북이가 동일 선상에서 출발한다면 아킬레우스가 당연히 이기겠지만, 거북이가 아킬레우스보다 조금이라도 앞선 상태에서 출발하면 아킬레우스는 절대로 거북이를 이길 수 없다. 그의 논리는 이렇다. 아킬레우스가 거북이를 앞지르기 위해서는 거북이가 원래 위치했던 그 점을 지나야 하는데, 그 점을 지나는 순간 거북이는 조금이라도 더 움직였을 것이므로 거북이는 아킬레우스보다 항상 앞서 있다는 것이다. 이 과정이 무한히 반복되어 아킬레우스는 결국 거북이를 이기지 못한다. 직관적으로 생각했을 때 아킬레우스가 거북이를 이기지 못한다는 것은 당연한 모순이지만, 그의 역설은 논리적으로 반박할 수 없었다. 또 그는 '움직임' 자체가 불가능하다고 말했다. 마라톤을 생각해보자. 결승선에 도달하려면 전체 거리의 반 지점을 통과해야 하고, 그 지점을 통과한 뒤에는 또 나머지 거리의 반 지점을 통과해야 한다. 다시 그

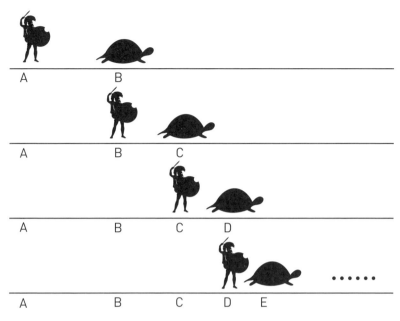

◆아킬레우스와 거북이의 달리기 시합.

지점을 통과한 뒤에는 또 나머지 거리의 반 지점을 통과해야 한다. 이렇게 끝없이 남은 거리의 반 지점을 통과해야 한다면 계속해서 남은 거리의 반이 남아 있기 때문에 영원히 결승선에 도달하지 못한다. 이렇게 고대 그리스에서는 무한이라는 개념 속에서 많은 혼란을 겪었다. 무한에 대한 궁금증은 또 다른 궁금증을 낳았고, 따라서 무한에 관한 토론이 끝없이 이어졌다.

약 2,000년 후에도 무한을 향한 호기심은 풀리지 않은 채 도전은 계속됐다. 철학자이자 과학자였던 갈릴레오 갈릴레이(Galileo Galilei)는 무한의 또 다른 측면에 관해 호기심을 갖고 도전했는데, 그는 무한의 크기를 비교하고자 했다. 선분은 점들의 집합이기 때문에 긴 막대를 이루고 있는 무수히 많은 점을 생각해볼 수 있다. 이 점들을 1부터 하나씩 자연수에 대응시킨 뒤, 짝수에 대응하는 점들만 빼내서 또 다른 짧은 막대를 만든다고 가정해보자. 직관적으로 우리는 새로 만들어진 막대를 이루고 있는 점의 개수가 원래 막대를 이루는 점의 개수의 절반이라고 생각할 것이다. 하지만 갈릴레이는 두 막대를 이루고 있는 무한한 점들의 개수는 같을 것이라고 이야기했다. 모든 자연수(1, 2, 3……)에 2를 곱하면 짝수(2, 4, 6……)가 되기 때문에, 1-2, 2-4, 3-6, 4-8…… 이런 식으로 원래 막대를 이루는 점들과 새로운 막대의 점들이 모두 짝을 이룬다고 설명한다. 점의 개수는 끝이 없으므로 결국 모든 점이 짝을 이룬다는 사실을 알 수 있다. 그래서 이들을 구성하는 점의 개수가 같다고 말할 수 있는 것이다. 긴 선분에도 무한개의 점이 있고, 짧은 선분에도 무한개의 점이 있다. 갈릴레이는 이 개념을 생각하며 무한의 세계에서는 '크다' '작다' '같다'를 논할 수 없다고 말했다.

⊟ 무한의 실마리를 찾은 수학자 칸토어

이렇게 오랫동안 혼란을 안겨준 무한에 관해 토론했던 사람들. 무한의 역설과 풀리지 않는 숙제는 계속 존재했다. 그리고 마침내 200년 뒤, 독일의 수학자 칸토어(Georg Cantor)가 무한이라는 존재의 실체를 밝혀냈다. 칸토어는 무한집합을 이루는 무수히 많은 원소의 개수를 세기 시작했다. 개수를 센다는 것은 무엇을 의미하는가? 우리는 보통 어떤 물건의 개수를 셀 때 물건 하나하나마다 "하나, 둘, 셋……." 하며 자연수를 대응시킨다. 마지막 물건에 대응되는 자연수를 바로 물건의 총 개수라고 말한다. 칸토어가 무한개의 원소를 세는 방식도 마찬가지였다. 자연수와 짝수를 짝지은 갈릴레이로부터 힌트를 얻어 무한집합의 크기를 측정할 때 자연수 집합과의 일대일 대응을 시도했다. 갈릴레이의 시도를 다시 한 번 생각해보자. 자연수는 끝없이 계속되는 무한집합이고({1, 2, 3, 4, 5……}), 짝수는 이것의 부분집합이다({2, 4, 6, 8, 10……}). 모든 자연수에 2를 곱하면 짝수가 되므로 자연수 집합과 짝수 집합은 서로 짝이 생긴다(n, 2n). 이를 일대일대응이라고 말한다. 홀수 집합도 마찬가지로 자연수 집합과 일대일대응이 된다(n, 2n-1). 칸토어는 이러한 이론을 바탕으로 짝수, 홀수, 자연수의 개수는 모두 같다는 사실을 증명한다. 이외에 다른 무한집합도 자연수 집합과의 일대일 대응을 통해 크기를 비교했다.

이를 토대로 칸토어는 무한에도 크기가 있다는 사실을 밝혀냈다. 칸토어는 무한집합의 상대적인 크기를 나타내는 초한수라는 개념을 도입하는데, 기준이 되는 자연수 집합의 크기를 '알레프 제로'라고 정의하는 것이다. 그래서 자연수 집합과의 일대일 대응을 이루는 무한집합은 크기가 '알레프 제로'이다. 즉, 짝수와 홀수는 크기가 모두 알레프 제로이다. 우리가 어떤 무한한 원소의 개수로 이루어진 집합을 자연수와 대응시킬 수 있다면, 그것은 자연수와 같은 크기의 무한집합이다. 예를 들어, 칸토어는 일대일 대응을 통해 자연수와 분수의 개수가 같다는 사실도 증명했다. 분자가 1인 분수를 일렬로 나열하고, 그 밑에 분자가 2인 분수를 일렬로 나열한다. 이렇게 계속 나열한 뒤 이들을 대각선 방향으로 세기 시작하면 분자와 분모의 합이 2인 분수부터 3, 4, 5……인 분수들을 쭉 나열할 수 있다. 이는 자연수와 일대일 대응시킬 수 있기에, 자연수와 분수의 집합 크기는 같다고 말할 수 있다. 칸토어는 더 나아가 실수를 세기 시작했으며 마침내 실수는 셀 수 없는 비가산 집합이라는 것을 증명한다. 실수와 무리수는 알레프 제로보다 크기가 더 큰 무한집합으로 '알레프 원'의 크기를 가지고 있다고 말한다. 이렇게 칸토어는 셀 수 있는 무한과 셀 수 없는 무한이 있다는 사실을 증명함으로써 무한에도 크기가 있음을 밝혀낸다.

당시 칸토어의 발견은 수많은 논쟁을 불러일으켰다. 그동안 접근하기 힘들었던 무한이라는 영역에서 중요한 개념을 발견한 그의 논리를 많은 사람이 이해하지 못했던 것이다. 하지만 이후 칸토어의 이론을 바탕으로 그동안 풀리지 않았던 문제들이 풀리기 시작했다. 그의 이론은 짧은 선분과 긴 선분을 이루는 무한한 점들의 집합이 같다는 것을 밝혀냈다. 무한의 세계에서는 부분도 전체만큼 풍요로운 것이다. 그동안 '전체는 부분보다 크다'라는 명제에 부딪혔던 무한의 세계가 칸토어에 의해 그 문턱을 넘었다. 이렇게 칸토어는 해명하기 어려운 무한의 세계에 접근했고, 그 실체를 드러내기 위해 끊임없이 노력했다. 힐베르트는 칸토어의 집합론을 '수학자의 두뇌가 만들어낸 가장 훌륭한 업적'이라고 칭했다. 칸토어 덕분에 유한한 인간은 무한에 한 발짝 더 가까워졌다.

⊟ 무한으로 달라진 세상

몇천 년 동안 인간이 도전하지 못했던 무한의 비밀이 마침내 밝혀지면서 인간 사고의 폭은 확장되었고 인식의 지평은 한층 넓어졌다. 우선 무한이라는 개념은 수와 수의 계산 범위를 확장시켰다. 인간은 끊임없이 이어지는 수열인 무한수열과 무한개 항의 합을 나타내는 무한급수를 생각하게 되었고, 이에 필요한 극한과 수렴이라는 개념을 설명할 수 있었다. 제논의 역설은 후에 극한과 수렴을 통해 해결되었는데, 더하는 수의 개수가 무한개더라도 더한 값은 유한한 값으로 수렴할 수 있다는 것이 핵심이다. 예를 들어 한 변의 길이가 1인 정사각형을 생각해보자. 이 정사각형의 넓이는 1이다. 이를 절반으로 나누면 그 부분의 넓이는 1/2, 나머지 절반을 또 절반으로 나누면 그 부분의 넓이는 1/4이 된다. 이 과정을 무한히 반복하면 각 부분의 넓이는 끝도 없이 작아지지만 결국 모두 더하면 본래 정사각형의 넓이인 1이 될 것이다. 이렇게 무한히 반복되는 과정에서도 유한한 값이 나올 수 있다는 것이다.

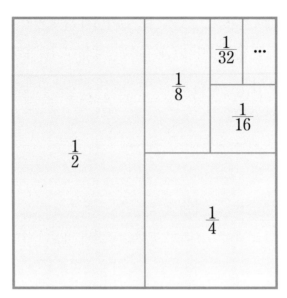

◆한 변의 길이가 1인 정사각형.
무한개의 항을 더해도 유한한 값이 나온다.

무한은 미적분학의 발전에도 기여해 세상의 현상을 설명하는 데
도움을 주었다. 미적분학을 설명하는 중요한 개념인 극한에서 우리
는 "한없이 가까이 다가간다" "무한대로 간다"라는 말을 많이 사용
한다. '정확한 한 점이 되는 것이 아닌 그 점을 향해 한없이 가까이 다
가가는 것'과 '어떤 큰 수가 아닌 무한대로 가는 것' 이 두 가지 모두
무한에 관한 이해가 선행되어야 하는 개념이다. 이는 결국 세상의 많
은 현상을 설명한다. 예를 들어 올림픽에서 이뤄지는 스피드 종목의
경우 중간중간 순간속도를 측정한다. 순간속도란 어떤 한 지점을 통
과할 때의 속도인데, 이를 위해 0초 동안 움직인 거리를 측정할 수 없

으므로 0초에 한없이 가까이 다가가는 무수히 짧은 시간 동안 움직인 거리를 측정한다. 측정할 수 없는 머나먼 미래를 예측할 때도 무한의 개념이 도입된다. 예를 들어, 인구수가 점점 줄거나 늘고 있는 가운데 "먼 미래에는 몇 명의 인구로 수렴할 것이다"라고 예측할 때도 무한의 개념이 도입될 수 있다.

마지막으로 무한은 우주에 대한 이해를 돕는다. 갈릴레오 갈릴레이가 주장했듯이 지구는 태양을 중심으로 돌고 있다. 또 지구는 태양계의 많은 행성 가운데 하나일 뿐이다. 지구가 태양계의 중심이 아니라는 사실은, 지구가 우주의 수많은 별과 행성 가운데 하나이고 우주에는 무수히 많은 별이 존재한다는 사실을 알려주기도 한다. 무한이라는 개념은 이렇게 끝없이 펼쳐진 우주를 상상하게 한다. 무한히 펼쳐진 암흑의 세계에서 끝은 존재하는가? 우리가 살고 있는, 무한히 많은 양의 자원과 에너지를 갖고 있다고 생각하는 지구조차 우주에서 하나의 점으로 표시된다면 우주의 크기는 얼마나 큰 것인가?

무한이라는 이름에서 느껴지는 장엄함 앞에서 인간은 한없이 작은 존재였다. 하지만 유한한 시간과 공간 속에 살고 있는 인간은 마치 자신의 한계에 도전하듯 무한이라는 존재를 이해하고 밝혀내기 위해 노력했다. 그리고 끝내 무한을 통해 수의 체계를 이해하고, 세상을 설명하고, 우리가 속해 있는 우주를 이해할 수 있었다. 어쩌면 무한은 유한한 지식과 에너지를 가지고 있는 인간이 완벽하게 이해하기에는 너무 큰 개념일지도 모른다. 하지만 인간은 수천 년간의 도전으로 이 세상을 살아가는 데 필요한 만큼 무한을 이해하게 되었다. 부분도 전체만큼 풍요로운 무한의 세계에서 인간이 밝혀낸 무한의 가치는 무한 전체가 가지고 있는 의미와 동등할지도 모른다. 이러한 무한에 조금이라도 더 가까이 다가가기 위해 오늘도 유한한 인간의 노력은 계속되고 있다.

도박사의 오류를 아십니까

전기및전자공학부 17 **서해찬**

저는 가끔 동아리 회원들과 포커를 치는데, 종종 신기한 일들이 생깁니다. 가령 4라운드 연속으로 동일 인물에게 풀 하우스가 나온다는 특수한 상황도 보았습니다. 풀 하우스는 같은 숫자의 패 두 장과, 이전의 숫자와 다른 숫자의 패 세 장으로 이루어진 패로, 나올 확률이 그렇게 높지 않습니다. 4라운드째면 슬슬 의심이 들 것입니다. 이번에도 풀 하우스일까? 블러핑은 아닐까? 지금까지 3라운드 모두 다 낮은 확률에 걸렸지만, 의심하게 되고 점수를 잃게 됩니다. 너무 확률만 믿은 것이 문제였죠.

물론 포커는 단순한 확률로 계산되는 게임이 아닙니다. 그러나 주사위를 굴릴 때 열 번 연속 1이 나왔을 때, 다음에 나올 숫자가 1이라고 확신할 수 있나요? 주사위를 굴려서 백 번 연속 1이 나왔을 때, 답변을 다르게 할 건가요? 현실 상황에서 이러한 경우를 만나면 이성적으로 판단하기가 어려워집니다. 우리가 알고 있는 일반적인 상황이 아니기 때문이죠. 그러므로 1이 나올 확률이 100%라고 착각하기 쉽습니다. 이 문제와 관련한 통계적 오류, 즉 '도박사의 오류'에 관해 설명하겠습니다.

⊟ 도박사의 오류란 무엇인가

'도박사의 오류'의 사전적 의미는 '서로 독립적으로 일어나는 확률적 사건이 서로 확률에 영향을 미친다는 착각에서 기인한 논리적 오류'입니다. 이렇게 적으면 무슨 소리인지 바로 이해하지 못하는 게 정상입니다. 그러므로 예를 들어보겠습니다. 동전 던지기 게임을 한다고 가정합니다. 동전의 앞면이 연속해서 열 번이 나왔습니다. 다음에 동전의 앞면이 나올 확률은 얼마일까요? 단순합니다. 50%입니다. 동전의 앞면이 열 번 나왔다는 사실이 과연 확률에 영향을 미쳤을까요? 확신이 들지 않는다면 좀 더 극단적인 상황을 만들어보겠습니다. 동전의 앞면이 연속 백 번 나왔습니다. 다음에 동전의 앞면이 나올 확률은 얼마일까요? 이상적인 상황이라고 가정하면 확률은 여전히 50%입니다.

몇몇 사람들은 이렇게 말할 것입니다. 동전이 연속으로 열한 번 앞면이 나올 확률은 매우 낮잖아? 그러므로 마지막은 뒷면이 나와야 해. 그러나 이러한 생각이 도박사의 오류를 만드는 가장 큰 이유입니다. 동전은 스스로 이전에 어떤 면이 나왔는지 기억하지 못합니다. 그러므로 동전이 라운드마다 앞면이나 뒷면이 나올 확률은 다른 라운드의 확률에 영향을 받지 않는 독립적인 확률입니다. 하지만 인간은 이러한 현상을 측정하면서 확률에 영향을 받아 앞면이 연속으로 나온다고 착각합니다. 물론 우리가 지금까지 한 것은 '사고 실험'이며, 완전히 이상적인 상황에서 실험했다는 것을 생각해야 합니다.

'도박사의 오류'라는 이름도 이와 비슷한 사건에서 유래되었습니다. 1913년 모나코 몬테카를로에 있는 한 카지노의 룰렛 게임장에서 일어난 일입니다. 룰렛의 규칙은 단순합니다. 돌아가는 원판 위에는 검은색과 빨간색이 칠해진 칸이 같은 개수로 배열되어 있고, 그 위에 구슬 하나를 굴립니다. 구슬은 판이 느려지면서 검은색과 빨간색 칸 중 하나에 떨어지고, 우리는 색을 맞추면 됩니다. 물론 두 개의 색에 떨어질 확률은 같습니다. 어느 날 구슬이 스물여섯 번 연속으로 검은색 칸에 떨어지는 사건이 일어났습니다. 구슬이 계속 검은색 칸으로 떨어지니까 "이제는 빨간색이 나오겠지!" 하고 많은 도박꾼이 빨간색에 거금을 걸었습니다. 그렇지만 구슬은 계속 검은색 칸으로 떨어졌고 대다수 사람이 많은 돈을 잃었습니다. 이 사건은 '몬테카를로의 오류'라는 별명을 얻게 되었습니다. 구슬이 연속으로 검은색 칸에 스물여섯 번 떨어질 확률은 아주 작은 확률입니다. 무려 $1/2^{26}$로, 약

0.00000149%의 확률입니다. 누구라도 의심하는 것이 당연할 정도로 대단히 나오기 힘든 확률입니다. 그러나 스물여섯 번 연속으로 검은색 칸에 떨어진 구슬이 다음 라운드에서 빨간색 칸에 떨어질 확률은 여전히 50%입니다. 과연 이유가 무엇일까요? 조금 더 정확한 분석을 위해 수학을 사용해 계산해보겠습니다.

⊟ 머리가 조금 아픈 수학적 분석

이 오류가 어떻게 일어나는지 수학적으로 따져보겠습니다. 제일 간단한 동전 던지기 문제를 예시로 삼겠습니다. 일단 동전을 세 번 던졌을 때 세 번 모두 앞면이 나올 확률을 계산해보겠습니다. 처음 동전을 던졌을 때 앞면이 나오는 경우를 A, 두 번째 동전을 던졌을 때 앞면이 나오는 경우를 B, 세 번째 동전을 던졌을 때 앞면이 나오는 경우를 C라 하겠습니다. 이때, 세 번 모두 앞면이 나오는 경우는 A와 B와 C 모두 만족하므로 1/8입니다.

다음, 동전을 세 번 던지는데 첫 번째와 두 번째에서 앞면이 나왔습니다. 그러면 세 번째에서 앞면이 나올 확률을 구해보겠습니다. 이때는 조건부 확률을 사용해야 하며, A와 B와 C가 모두 앞면일 확률인 1/8을 A와 B가 앞면이 나온 확률로 나눠야 합니다. 즉, 1/2입니다. 따라서 A와 B에서 나온 결과는 C에는 영향을 미치지 않습니다.

도박사의 오류는 우리가 연속된 동일한 값이 나올 상황이 낮은 확률이라는 것을 알기 때문에 일어나지 않으리라고 생각해서 발생하는 오류입니다. 그러나 조금만 더 깊이 생각해봅시다. A와 B는 앞면이 나오지만, C가 뒷면이 나오는 확률을 계산해봅시다. 답은 1/8입니다. 이는 A, B, C 모두 앞면이 나올 확률과 똑같습니다! 확률 계산 시에 이미 결과가 확정된 A와 B를 확률 계산 시에 같이 계산하면서 나오는 실수입니다. 그러나 실제로 A와 B는 확률에 아무런 영향을 미치지 않습니다. 우리가 A, B, C 사건을 모두 진행하지 않은 상황에서 셋 다 모두 앞면이 나올 확률을 구하라는 문제를 받으면 1/8이라고 답할 수 있습니다. 그러나 A, B의 결과가 확정된 상황에서 C가 앞면이 나올 확률을 물으면 1/2입니다.

⊟ 동작 그만, 그 패는 독립 사건이 아니여!

지금까지 저는 도박사의 오류를 적용할 수 있는 사건에 관해서 서술했습니다. 하지만 도박사의 오류를 적용하지 못하는 사건도 매우 많습니다. 일단 도박사의 오류는 독립적인 사건에 관해서만 말하고 있습니다. 다시 말해, 각 확률이 서로 독립적이지 않은 사건들은 도박사의 오류를 적용할 수 없습니다. 카드 게임에서 첫 장을 조커로 뽑을 확률과 두 번째 장을 조커로 뽑을 확률은 다릅니다. 왜냐하면, 첫 번째 장에서 조커가 나오지 않았다면 두 번째 장을 조커로 뽑을 확률이 줄어들기 때문이죠. 단순히 확률로 계산할 수 있는 차이입니다. 물론,

첫 번째 카드가 조커일 확률과 두 번째 카드가 조커일 확률은 같지만, 이것은 다른 문제입니다.

또한, 우리의 세계는 이상적이지 않다는 점도 고려해야 합니다. 500원짜리 동전을 던지는 사례는 공기역학적으로 계산하면 학이 그려진 면이 나올 확률이 60%를 넘습니다. 다른 예시로 주사위를 굴리는 게임을 들겠습니다. 이 세상에 어떠한 주사위도 완벽하지 않고, 그에 따라 모든 면이 정확하게 확률이 1/6은 아닙니다. 또 주사위를 사용하면 마모되어서 확률은 조금씩이지만 계속 달라집니다. 딜러가 주사위를 조작해 확률을 변하게 만들었을 확률도 존재합니다. 이렇듯 세상은 이상적인 상황이 존재하기 힘들다는 사실도 인지해야 합니다.

그럼 가상공간 안에서는 다를까요? 현재 제일 쉽게 만들 수 있는 가상공간인 컴퓨터를 이야기해보겠습니다. 컴퓨터가 만들어내는 무작위 숫자는 실제로는 무작위 숫자가 아닙니다. 컴퓨터가 난수(무작위 숫자)를 생성하는 방식의 정식 명칭은 유사 난수 생성기(pseudo random number generator)입니다. 컴퓨터는 미리 저장된 매우 많은 숫자 표 가운데 일정 규칙에 따라 숫자를 '선택'하는 방법을 택하고 있습니다. 자주 사용되는 방식이 현재 시각을 'seed number', 숫자를 택하는 규칙을 정하는 기준 숫자에 대응되는 숫자 표를 찾고, 이를 이용해 숫자를 선택합니다.

또 컴퓨터는 확률 계산도 보정된 방식을 사용하는 경우가 많습니다. 특히 일정 확률 이상을 바로잡아야 하는 대부분의 상업적 용도로는 다음과 같은 방법을 사용합니다. 어떠한 사건 A가 일어날 확률을 10%로 만들어야 하면, 첫 시행 때 일어날 확률을 실제로는 그보다 작게 5%로 매깁니다. 그 후에 한 번 실패할 때마다 확률이 더 증가하도록 시스템을 설계합니다. 6%, 7%, 8%에서 계속 올라가 20%쯤 되었을 때 성공하면, 다시 5%부터 시작하는 것이죠. 이러면 매 라운드의 확률은 전 라운드의 결과에 영향을 받기 때문에 종속적인 관계가 됩니다. 도박사의 오류를 적용할 수 없는 것입니다. 인터넷 가상공간에서 운이 안 좋다고요? 두 가지 중 하나일 겁니다. 지금까지 정말로 운이 안 좋았을 수도 있습니다. 아니면 확률을 잘못 알고 있을 가능성도 큽니다. 어느 방향이든, 컴퓨터도 완전히 독립적인 사건을 만들어낼 수는 없습니다.

➖ 상대가 운이 좋은 것인가, 내가 운이 안 좋은 것인가

자, 위에서 했던 질문을 다시 해보겠습니다. 동전 던지기 게임을 한다고 가정합니다. 동전의 앞면이 연속 열 번 나왔습니다. 다음에 동전앞면이 나올 확률은 얼마입니까? 몇몇 사람은 이제 자신 있게 50%를 외칠 겁니다. 사실 위 질문의 답은 50%가 맞습니다. 이상적인 상황을 가정하고 진행한 일종의 실험이기 때문입니다. 하지만 현실 세계에서 일어난 상황이라고 가정합시다. 보통은 일단 앞면이 연속 열 번 나왔다는 것에 의문을 가질 만합니다.

물론 의문을 가지는 것도 확률적인 근거가 있습니다. 확률에는 큰 수의 법칙이 존재합니다. 같은 확률을 가지는 시행을 '충분히 많은 횟수'에 대하여 실행하면 원하는 값이 나오는 횟수가 전체 실행 횟수에 원하는 값이 나오는 확률의 곱과 비슷하다는 법칙입니다. 이때, '충분히 많은 횟수'에 대하여 기준은 굉장히 모호합니다. 얼마나 많이 실행해야 하는가에 대한 기준이 없기 때문이죠. 위의 예시처럼 열 번 정도는 굉장히 운이 없는 경우라 생각할 수 있습니다. 그러나 연속 100번 앞면이 나왔다면? 확률은 $1/2^{100}$로, $1/10^{30}$에 근접합니다. 소수로 적을 때 0. 뒤에 0이 29개가 붙고 1이 나오는 매우 작은 숫자이죠. 이 정도 되면 의심할 여지없는 작은 확률입니다.

자, 이제 확률의 함정 앞에서 속지 않고 게임을 다른 눈으로 바라보는 관점을 얻었습니다. 우리가 사는 세상은 완벽하지 않다는 것도 알고 있습니다. 그럼, 마지막으로 한번 묻겠습니다. 여러분 앞에 딜러가 있고, 딜러가 지금까지 동전을 100번 던져서 앞면이 100번 나왔습니다. 이제 101번째 베팅할 때가 왔습니다. 이제 딜러의 손목을 잡고 말하면 됩니다. "동작 그만! 예림이, 그 패 봐봐. 혹시 앞면이야?"

너의 직감보다는 수학을 믿어라!

전산학부 16 **홍영규**

인생은 선택의 연속이다. 그만큼 우리는 살아가면서 수많은 갈림길에 선다. 문밖을 나서기 전부터 우산을 가져가야 하는지 결정해야 하고, 퇴근길에는 어느 길로 가야 가장 덜 막힐까 고민한다. 우리는 갈림길에 설 때마다 판단하고 결정을 내린다. 요즘은 기술이 좋아져 휴대전화로도 쉽게 날씨를 확인할 수 있고, 내비게이션이 교통 상황을 파악해 가장 빨리 도착할 수 있는 길을 추천해준다. 하지만 불과 2, 30년 전에는 순전히 감으로 판단했을 것이다. 일어났더니 허리가 쑤신다든지, 혹은 왠지 이 방향이 덜 막혀 보인다든지 하는 느낌 말이다. 당연히 지금처럼 정보를 기반으로 판단하는 것이 훨씬 정확하다. 이렇게 생각하면 옛날에는 어떻게 살았을지 상상조차 되지 않는다.

그런데 기상청이나 카카오가 신도 아닌데 어떻게 미래를 그렇게 정확히 예측할까? 정답은 수학이다. 수학을 아주 잘 활용해 미래를 정확히 예측한다. 구체적으로 말하면, 데이터를 기반으로 확률과 통계를 잘 활용한다. 날씨를 예로 들면, 기상청에서는 대기 관측 데이터로 기상 모델링을 하여 내일 비가 올 확률을 계산한다. 카카오도 마찬가지로 카카오 내비게이션이 설치되어 있는 사람들의 위치 정보를 받아서 차의 유동량을 예측한다. 이처럼 21세기에는 확률과 통계를 잘 활용하면 신처럼 미래를 내다볼 수 있다. 갈림길에 섰을 때 확률을 근거로 판단한다면 가장 좋은 선택을 할 수 있다. 그렇다면 확률과 통계가 무엇이기에 이를 가능하게 하는지 지금부터 살펴보자. 그리고 확률과 통계가 현재 어떻게 활용되고 있는지 알아보자.

⊟ 확률, 일상을 표현하다

확률은 '하나의 사건이 일어날 가능성'이다. 일상에서는 확률적으로 일어나는 일이 많다. 우리는 이러한 일이 일어날 확률을 따질 때가 있다. 길을 가다가 교통사고가 날 확률이나 특정 게임에서 이길 확률처럼 말이다. 같은 확률이지만 둘 사이에는 차이가 있다. 전자의 확률은 통계를 기반으로 한다. 정확히 확률값을 알 수는 없지만, 이전의 사건들을 통해 값을 예측한다. 교통사고가 날 확률은 신이 아닌 이상 알수 없지만, 하루 평균 몇 건의 교통사고가 발생하는지를 보고 어느 정도 예측할 수는 있다. 후자의 확률은 실제로 구할 수 있는 확률값이다. 게임과 같이 통제된 환경에서는 정확한 확률값을 구할 수 있다. 포커 게임을 예로 들면, 경우의 수를 계산했을 때 나의 카드 패가 상대방 카드 패보다 좋을 확률을 정확히 계산할 수 있다. 실제 도박사들은 포커 게임을 할 때 이길 확률을 계산해 죽을지 혹은 계속할지, 베팅은 얼마나 할지를 결정한다. 앞선 경우에는 확률값을 추정한 것이지만, 이번 경우에는 정확한 확률값을 구한 것이다. 그럼 이와 같이 직접 확률값을 구할 수 있는 경우부터 먼저 이야기해보자.

특정 현상의 확률을 계산할 때 많이 사용하는 것은 조건부 확률이다. 조건부 확률은 어떤 사건이 일어났을 때 다른 사건이 일어날 확률을 말한다. 주머니에 검은 공 한 개와 빨간 공 한 개가 들어 있다. 공을 하나 집었을 때 그 공이 검은 공일 확률은 1/2이다. 하지만 빨간 공을 꺼내고 주머니에서 공을 집었을 때, 그 공이 검은 공일 조건부 확률은 1이 된다. 우리 주위에 일어나는 많은 일이 연속적으로 관찰되기 때문에 이와 같은 조건부 확률은 자연현상을 표현하고 계산하는 데 많이 쓰인다.

조건부 확률이 쓰이는 가장 좋은 예는 몬티 홀 문제(Monty Hall problem)이다. 몬티 홀 문제는 미국의 TV 쇼 〈Let's Make a Deal〉에서 등장한 문제이다. 문제의 이름은 이 쇼의 진행자인 몬티 홀의 이름에서 따왔다. 문제의 상황은 다음과 같다. 어느 날 몬티가 친구에게 한 가지 제안을 한다.

"문이 세 개 있는데 하나의 문 뒤에는 승용차가 있고, 나머지 문 뒤에는 자전거가 있어. 승용차가 있는 문을 고르면 그 차를 주도록 하지."

흥미가 생긴 친구가 문 하나를 고르려 하자 몬티가 또 제안했다.

"네가 하나의 문을 고르면 남은 문 가운데 하나를 열어 보여주도록 하지. 그 후 바꿀 기회를 줄게."

그러고는 친구가 문을 하나 골랐고, 몬티는 답을 알고 있으므로 남은 문 가운데 자전거가 있는 문을 열어 보여줬다. 이때 친구는 자신의 선택을 바꿔야 할까?

단순히 생각하면, 남은 문이 두 개이므로 바꾸든 바꾸지 않든 승용차가 있을 확률은 1/2인 것처럼 보인다. 하지만 조건부 확률로 생각하면 그렇지 않다. 내가 1번 문을 선택하고, 사회자가 2번 문을 열어 보여줬다고 가정하자. 만약 1번 문 뒤에 승용차가 있었다면, 사회자는 2, 3번 문 중 아무거나 열어 보여줘도 될 것이다. 즉, 사회자가 2번 문을 열 확률이 1/2이다. 하지만 3번 문 뒤에 승용차가 있었다면, 사회자는 반드시 2번 문을 열어 보여줘야 하므로 사회자가 2번 문을 열 확률은 1이다. 따라서 1번 문을 고르고 2번 문이 열렸을 때, 3번 문 뒤에 승용차가 있을 확률이 1번 문 뒤에 있을 확률보다 두 배 높은 셈이다. 그러므로 당연히 3번 문으로 선택을 바꿔야 한다! 그림을 보면 조금 더 쉽게 이해할 수 있다. 조건부 확률은 이처럼 자칫 착각할 수 있는 현상을 수식적으로 쉽게 풀어준다. 몬티 홀 문제를 푸는 친구가 조건부 확률을 알았더라면 높은 확률로 자동차를 받았을지 모른다. 이렇

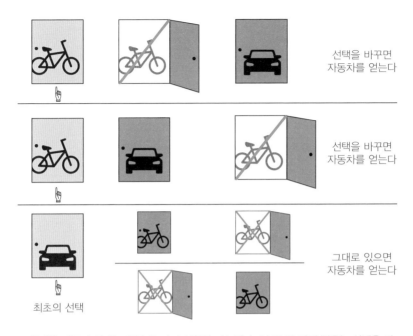

선택을 바꾸면
자동차를 얻는다

선택을 바꾸면
자동차를 얻는다

그대로 있으면
자동차를 얻는다

최초의 선택

◆ 선택을 바꾸기 전에는 위의 세 가지 상황이 가능하다. 이 중 두 가지 경우는 선택을 바꿨을 때 자동차를 얻을 수 있고, 한 가지 경우만 선택을 바꾸지 않을 때 자동차를 얻을 수 있다. 따라서 선택을 바꿔서 얻을 확률은 2/3, 바꾸지 않아서 얻을 확률은 1/3이다.

듯 우리는 확률로 세상을 이해하면 문의 선택을 바꾸는 것처럼 현명한 판단이 가능하다.

반면 확률을 이해하지 못하면 인생이 힘들어질 수도 있다. 1913년, 몬테카를로 카지노에서 있었던 일이다. 검은색과 빨간색 구슬이 50대 50으로 나오는데 돈을 걸고 구슬의 색을 맞추면 돈을 따는 게임을 했다. 그런데 한번은 검은색 구슬이 스무 번이나 연속으로 나왔다고 한다. 사람들은 이제는 빨간색 구슬이 나올 때라며 빨간색에 돈을 마구 걸었다. 하지만 이후 스물여섯 번째까지도 검은색 구슬이 나왔다고 한다. 여기서 빨간색에 돈을 건 사람은 각 게임이 독립적이라는 사실을 망각한 것이다. 독립적이라는 말은 이전의 사건들이 다음 사건이 일어날 확률에 영향을 주지 않는다는 것이다. 심리적으로는 당연히 빨간색 구슬이 나올 차례가 된 것 같다. 하지만 각 사건은 독립적이며 검은색 구슬이 스무 번 연속으로 나왔다 하더라도 다음 구슬이 빨간색 구슬일 확률은 여전히 1/2이다. 이와 같은 심리적인 작용을 '도박사의 오류'라고 한다. 확률을 정확히 이해하고 있지 않고 심리에만 의존하면 자칫 가정의 평화를 무너뜨릴지 모른다.

통계, 경험으로부터 예측하라!

우리가 살아가는 세상은 확률값을 정확히 알기 어려운 일들로 가득하다. 당장 내일 나에게 교통사고가 일어날 확률, 맨체스터 유나이티드가 다음 경기에서 이길 확률 등은 신이 아닌 이상 정확한 확률값을 말할 수 없다. 하지만 우리에게는 관찰이라는 아주 기본적이면서도 훌륭한 방법이 있다. 신기하게도, 우리 주변의 일들은 어느 정도 일관성이 있어서 과거의 일을 관찰하면 꽤 정확하게 미래를 예측할 수 있다. 교통사고가 일어난 건수는 연령별, 차종별 등으로 다양하게 수집되고 있고, 이를 바탕으로 보험회사는 보험료를 책정한다. 스포츠 토토 업체들은 각 축구팀의 전적을 기록해두고 각 경기에 대한 배당금을 산정한다. 앞서 언급한 일관성 덕분에, 과거의 기록을 가지고 보험료나

배당금을 결정해도 보험회사와 토토 업체들이 망하지 않는 것이다. 이처럼 통계란 하나의 현상을 관찰하고 수치화해서 기록한 자료이며, 어떤 결정을 내릴 때 중요한 기준이 된다.

미래를 예측하려면 근거가 필요하다. 통계로 적절한 근거가 되는 확률값을 얻는 과정을 통계적 추론이라고 한다. 통계적 추론은 미리 정의된 통계 모델에 관해 그 모델의 모양을 결정짓는 속성값을 데이터를 통해 추론하고 그 모델로부터 근거로 쓰일 수 있는 확률값이나 기댓값을 구한다. 통계 모델은 관찰 대상이 어떻게 분포되어 있는지 묘사하는 모델이다. 통계 모델의 대표적인 예로 정규분포가 있다. 정규분포는 가우스가 처음 제안한 모델로 자연현상 전반, 특히 인간에 관한 현상에 아주 잘 적용되는 모델이다. 정규분포의 형태는 다음 그래프를 보면 알 수 있다. 정규분포의 모양을 결정짓는 속성값에는 평균과 표준편차가 있다. 이 두 값만 알면, 임의의 데이터에서 그 데이터가 나올 확률이 얼마인지 구할 수 있다.

가령, 학생들의 시험 점수가 정규분포를 따른다고 가정해보자. 학생 전체의 시험 점수에 대한 평균과 표준편차를 알면 자신이 상위 몇 %인지 알 수 있다. 어떤 학생의 시험 점수가 평균 점수에 표준편차를 더한 정도라고 가정해보자. 그러면 그 학생은 상위 16%이다. 즉, 평균에 표준편차만큼 더한 값이 나올 확률이 16%라는 것이다. 그림을 보면 직관적으로 이해할 수 있다. 이처럼 통계적 추론은 특정 상황에 적합한 모델을 이용해 이전 데이터를 바탕으로 원하는 확률값을 구할

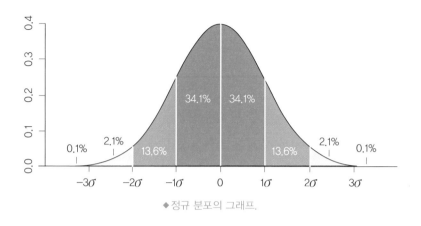

34.1%   34.1%

13.6%   13.6%

0.1%   2.1%   2.1%   0.1%

-3σ -2σ -1σ 0 1σ 2σ 3σ

◆정규 분포의 그래프.

수 있다. 앞서 언급한 보험사도, 스포츠 토토 회사도 모두 통계적 추론을 통해 수익을 낼 수 있는 값을 결정한다. 물론 항상 들어맞는 것은 아니지만, 대부분의 경우는 좋은 판단 근거가 된다. 특히 데이터가 충분할 때 더욱 진가를 발휘한다.

반대로 잘못된 통계적 추론은 큰 실수로 이어질 수 있다. 통계는 결국 데이터를 바탕으로 확률값을 예측하는 것이다. 따라서 모든 추론 과정이 올바르더라도, 데이터가 올바르지 않다면 잘못된 추론을 할 수밖에 없다. 데이터의 양적 문제보다는 데이터의 질적 문제로, 데이터가 일어날 수 있는 다양한 경우가 골고루 모였는지가 더 중요하다. 가장 대표적인 사례로는 1936년 미국 재선 당시 「리터러리 다이제스트」라는 잡지에서 범한 실수가 있다. 당시 잡지사는 여론조사를 바탕으로 후보인 랜던(Alf Landon)의 압승을 예측했다. 하지만 이 여론조사는 전화로 이루어졌다. 당시 전화를 가지고 있는 사람은 대부분 부유

층이었고, 그래서 부유층이 지지하고 있던 랜던의 압승으로 결과가 나왔다. 하지만 실제 선거에서 훨씬 많은 서민들이 대통령 루스벨트(Franklin D. Roosevelt)에 투표했고, 루스벨트는 48개 주 가운데 46개 주에서 압도적으로 승리해 재임에 성공했다. 올바른 통계적 추론은 적절한 데이터에서 시작된다는 사실을 보여준 매우 적절한 사례이다.

수학과 데이터가 만나면 미래를 예측하는 힘이 된다. 이는 우리가 살아가는 21세기에는 더욱 중요한 의미로 다가온다. 최근 10년 동안 스마트폰의 상용화와 구글, 페이스북과 같은 인터넷 서비스의 발달로 우리가 생성하는 데이터의 양이 기하급수적으로 늘어났다. 양이 너무 많아 제대로 처리하기조차 힘든 수준이다. 그리고 수학 이론도 20세기 동안 충분히 정립되었다. 하지만 20세기에는 수학 이론들을 적용하기에 컴퓨터의 계산 능력이 부족했다. 하지만 21세기에는 상황이 달라졌다. 반도체의 발달과 GPU의 발명으로 아주 큰 데이터도 빠르게 연산할 수 있는 컴퓨터가 만들어졌다. 정리하자면, 21세기에는 복잡한 계산도 빠르게 할 수 있는 컴퓨터와 개개인이 쏟아내는 엄청난 양의 데이터가 결합해 훨씬 더 복잡한 문제도 예측할 수 있게 된 것이다. 이를 두고 21세기를 빅 데이터의 시대라고 부른다.

⊟ 빅 데이터, 복잡한 문제를 푸는 열쇠

빅 데이터는 데이터 자체만으로도 충분한 가치가 있다. 2008년 미국

대통령 선거 때, 버락 오바마(Barack Obama)는 유권자의 검색어나 구독하는 잡지 등을 통해 유권자의 관심사를 파악했다. 그리고 유권자의 관심사에 맞는 선거 공약을 내세워 효율적으로 홍보 활동을 했다. 구글은 미국 주별 감기약 검색어 횟수를 가지고 감기가 전염되는 지도를 그릴 수 있었다. 감기에 걸리면 감기약을 검색할 가능성이 커지니 일리가 있다. 이를 통해 빅 데이터 시대에는 떠다니는 데이터 속에서 어떻게 하면 의미 있는 데이터를 뽑아낼 것인지가 핵심적인 문제임을 알 수 있다.

나아가 빅 데이터가 수학과 결합하면 복잡한 문제를 쉽게 풀 수도 있다. 구글이 이를 잘 활용하는 기업들 중 하나이다. 구글 검색을 이용하면 검색어와 가장 연관된 웹 페이지부터 보여준다. 대부분의 검색은 첫 페이지에서 추천하는 웹 페이지들 안에서 해결된다. 어떻게 구글은 수많은 웹 페이지 가운데 이용자가 원하는 웹 페이지를 예측해낼까? 이 예측 작업은 구글 창업자 앨런 페이지와 세르게이 브린이 고안한 '페이지 랭크 알고리즘(Page Rank Algorithm)'을 통해 가능하다. 구글이 이용하는 빅 데이터는 저장해놓은 수많은 웹 페이지들이다. 웹은, 그 단어가 의미하듯, 거미줄처럼 수많은 페이지가 다른 페이지들을 가리키며 서로 연결되어 있다. 페이지 랭크 알고리즘은 각 페이지를 가리키고 있는 페이지들을 점수화해 그 점수를 페이지의 중요도를 나타내는 지표로 사용한다. 그리고 그 지표를 이용해 '마르코프 연쇄(Markov Chain)'라는 확률 이론을 적용해 그 페이지가 유의미할 확률을 구하고 그 값이 큰 순서대로 페이지를 보여준다. 정리하자면 구글은 수많은 웹 페이지 가운데 검색어와 연관된 웹 페이지들을 추려내고, 다시 페이지 랭크 알고리즘을 적용해 유의미한 순서대로 웹 페이지를 추천해준다. 이를 단 0.5초 안에 처리한다고 하니 구글이 얼마나 대단한지 알 수 있다. 구글뿐만 아니라 많은 기업이 빅 데이터와 수학을 결합해 중요한 문제를 풀고 있다.

기계에는 지능이 없다. 기계는 우리가 코드로 명령한 대로 작동한다. 하지만 그 방법은 판단이나 예측이 필요한 문제에는 적용할 수 없다. 판단과 예측은 지능이 필요하다. 그런데 이제는 기계가 스스로 문제를 풀 수 있도록 학습하게 하는 알고리즘이 개발되고 있다. 요즘 화제가 되고 있는 '기계 학습(Machine Learning)'이 그 예이다. 어떻게 이것이 가능할까? 우리가 데이터를 가지고 통계와 확률 이론으로 추론하는 것처럼 기계에도 똑같이 적용해 문제를 풀어낸다. 통계적 추론 과정은 사실 모두 수식으로 표현할 수 있다. 그 수식의 해를 찾게 하는 알고리즘이 바로 기계 학습이다. 하지만 데이터가 제공하는 한정된 정보만으로는 복잡한 문제를 풀기 어렵다. 예를 들어, 사진을 분류할 때 우리는 빛과 색이라는 개념을 인지하고 있고 어느 부분이 물체인지 알고 있다. 하지만 기계에게 사진은 그저 0과 1로 이루어진 하나의 큰 행렬이므로 인간처럼 분류하는 일은 몹시 어렵다. 이런 맹점 탓에 기계 학습 분야는 크게 주목받지 못했다.

이 문제를 풀기 위해 인간의 뇌를 모방한 모델이 나오기 시작했다.

1990년대 후반에 제시된 인공 신경망이 그것이다. 이 개념을 기계 학습에 적용해 복잡한 문제를 풀게 하는 알고리즘들이 제시되었다. 사람들은 이를 '딥 러닝(Deep Learning)'이라 불렀다. 그러던 중에 GPU의 개발과 데이터의 폭발적인 증가, 그리고 기계 학습과 관련한 수학 이론의 발전에 힘입어 딥 러닝이 하나둘씩 복잡한 문제를 풀어나가기 시작했다. 사진 분류는 정확도가 인간 수준만큼 올라갔다. 이뿐만 아니라 문장 번역, 음성 인식, 이미지 생성 등 아주 좋은 성능으로 수많은 문제를 해결하고 있다. 더 이상 간단한 문제가 아닌 정말 지능이 필요한 문제도 풀어나간다. 말 그대로 '인공지능'이 된 셈이다. 인공지능이 적용되는 분야는 무서운 속도로 커지고 있으며 이미 상용화된 기술들도 많다. 심지어는 인간 고유의 영역이라 여겨지던 예술에도 인공지능이 적용되고 있다. 이미 인공지능이 그린 그림과 화가가 그린 그림을 사람들이 구분해내지 못할 수준에 도달했다. 음악 스타트업 쥬크덱(Jukedeck)의 인공지능 작곡가는 원하는 스타일을 말하면 30초 만에 작곡해 음악을 들려준다. 2016년에 알파고는 이세돌과의 바둑 대결에서 승리하여 한국 전체를 떠들썩하게 했다. 지금의 알파고는 이미 그 당시의 알파고를 100대 0으로 이길 만큼 발전했다.

한 가지 모순은 인공지능이 이렇게 잘 작동하는 원리를 수학적으로 증명해내지 못하고 있다는 점이다. 인공지능의 핵심 기술인 딥 러닝에는 이를 학습하는 방법이나 인공 신경망을 활용한 구조를 고안해내는 데는 분명 많은 확률과 통계 이론이 사용되었다. 하지만 왜 인공 신경망이 잘 작동하는지, 즉 어떻게 인공 신경망 구조로 복잡한 문제의 답을 찾아낼 수 있는지 설명하는 수학 이론이 아직 나오지 않았다. 물론 현재 수많은 연구자가 이를 설명하기 위해 노력하고 있다. 어쩌면 이 연구가 인공지능을 더욱 발전시킬 열쇠가 될 수도 있다.

수학은 자연현상을 표현할 수 있는 일종의 언어이다. 수학의 일부인 확률은 특정 사건이 얼마의 비율로 일어나는지 잘 서술할 수 있다. 서술된 현상에 확률 이론을 적용하면 관찰하지 못한 사건의 확률도 구할 수 있다. 즉, 아직 오지 않은 미래를 확률을 바탕으로 합리적으로 예측할 수 있다는 말이다. 하지만 주변 대부분의 현상이 그렇듯 정확한 확률값을 모를 때는 데이터를, 즉 통계를 이용해 그 값을 얻어야 한다. 앞서 살펴본 통계적 추론이다. 확률과 통계를 정확히 이해하고 잘 적용한다면 중요한 갈림길에서 올바른 판단을 내릴 좋은 근거를 얻을 수 있다. 빅 데이터의 시대인 21세기에는 그 능력이 더욱 중요해지고 있다. 특히 빅 데이터와 수학이 만났을 때 활용 가치는 더욱 커지며 복잡한 문제들도 쉽게 풀린다. 수많은 분야에서 인간에 버금가는 수준의 인공지능도 발달하게 했다. 이미 수학은 일상의 많은 일을 예측하고 문제를 푸는 데 이용되고 있다. 지금 무언가를 고민하고 있는가? 이제는 직감보다는 수학으로 답을 찾아보자.

1 더하기 1은 왜 2일까?

수리과학과 13 **이승현**

수학을 진지하게 공부하는 학생이라면 누구나 수학의 본질을 고민해본다. 나는 고등학생 때 처음으로 수학의 원리에 의문을 가졌고, 또 나름대로 답을 내렸다. 하지만 순진한 답은 대학에 와서 끊임없이 시험받았고, 닳디 닳은 학부생 '왕고'가 된 지금은 신입생 때와는 전혀 다른 의견을 가지고 있다. 물론 수학을 대하는 자세도 180도 바뀌었다.

⊟ 고등학생에게는 너무 어려운 문제

고등학생 시절, 나는 다음과 같은 난제에 무릎을 꿇고 말았다.

$$1+1=?$$

물론 답은 2이고, 나도 남들처럼 어린 나이에 이 자명한 등식을 별 어려움 없이 받아들였다. 하지만 등식을 자세히 뜯어보면 무언가 찝 찝하다. 일단 1, 2와 같은 숫자는 당최 무엇인가? 혹자는 사과 하나와 또 다른 사과 하나를 모으면 두 개가 된다는 사실은 너무나 당연하다 고 말할지 모른다. 하지만 우리가 더하려는 1과 1은 같은 숫자여야 하 는 반면, 이 세상에 있는 사과는 모두 다르다. 즉, 사과 하나와 다른 사 과 하나를 모아둔 것을 등식으로 표현하면 '사과1+사과2=사과1+사 과2'이지, '사과+사과=2사과'가 아니다. 심지어 같은 사과를 두고도 나와 영희는 다른 사과를 본다. 내가 초록색과 빨간색을 구분하지 못 하는 색맹 환자라고 치자. 그렇다면 영희가 빨간 사과를 볼 때 나는 초록색 사과를 볼 수도 있다. 하지만 숫자는 이러한 차이가 끼어들 틈 이 없는 '순수한' 대상인 것만 같다. 다시 말해, 사과와 숫자 사이에는 심연과 같은 간극이 가로놓여 있는 것이다.

엄청나게 큰 수를 생각해보면, 숫자는 더더욱 이해할 수 없는 존재 로 다가온다. 예를 들어, 나는 10^{300}이란 숫자를 1부터 세어보지 않아 도, 이 숫자가 한 개의 1뒤에 300개의 0이 붙어 있는 꼴로 표현된다는 사실을 안다. 10의 제곱수이므로 소인수분해를 하면 $2^{300} \times 5^{300}$이 되 며, 10^{300} 다음에 오는 수는 정확히 $10^{300}+1$이라는 것도 안다. 사실 조 금만 생각해보면, 우리가 일상에서 자주 쓰는 숫자들, 예를 들어

◆클라인 병은 3차원에서 표현될 수 없지만, 인터넷에서 잘 찾아보면
위와 같은 '유사' 클라인 병을 구매할 수도 있다.

"31,200원"의 31,200도 상당히 큰 수이다. 우리 중에 1부터 31,200까지 세어본 사람이 얼마나 될까? 실상은 세 장의 초록색 지폐, 한 장의 보라색 지폐, 두 개의 동전을 보았을 뿐이다. 하지만 우리는 마법처럼 이러한 수의 성질을 따지고, 또 그것을 이용해 계산을 한다.

수학에서 다루는 대상이 이런 단순한 숫자만이 아니라는 사실을 고려했을 때 사정은 더 복잡해진다. 일단 자연수가 무한집합이라는 사실을 받아들인다면, 그로부터 정수, 유리수, 실수, 복소수를 순서대로 만들어낼 수 있다. 대학 전공과목 수업을 들으면 전에는 듣도 보도 못한 괴기스러운 수학적 대상들을 만날 수 있다. 당장 떠오르는 것은 대수위상에서 배우는 안팎이 구분되지 않는 4차원 물체인 클라인 병, 해석학에서 배우는 길이가 0이지만 실수와 일대일 대응되는 칸토어 집합 등이 있다. 이런 추상적인 개념들은 현실 세계에 대응하는 물체가 존재하지 않는다. 그럼 대체 이것들은 무엇이란 말인가? 완전무결한 숫자와 도형의 세계에 사는 주민들인가?

⊡ 플라톤주의적 수학

네덜란드 출신의 판화가 M. C. 에셔(Maurits Cornelis Escher)는 이런 말을 했다.

> 수학적 법칙은 인간의 창조물이 아니다. 단순히 그 자체로 실재하며, 인간의 지성과 독립적으로 존재한다. 우리가 할 수 있는 최선은 수학적 법칙이 이미 존재한다는 것을 깨닫고 그것을 인지하는 것뿐이다.

다시 말해, 수학자가 할 수 있는 최선은 수학적 대상의 실재성을 굳게 믿고 수학을 연구하는 것이다. 어찌 보면 수학자의 역할을 상당히 수동적인 것으로 제한한다. 수학자의 역할을 '발명'에서 '발견'으로 격하한다.

수리철학에서는 이처럼 수학적 대상들이 우리와 별개로 존재한다고 보는 이론을 '플라톤주의'라고 부른다. 플라톤은 알다시피 이데아론을 주장했던 고대 그리스의 철학자이다. 그는 우리가 살고 있는 세계의 모든 것은 불완전하며, 천상 세계의 원형인 '이데아'를 복제한 것에 불과하다고 보았다. 수학에서 플라톤주의도 이와 비슷하다. 수학적 진리는 이미 존재한다. 예를 들어 '1+1=2'은 자명한 수학적 진리이다. 수학자들의 의무는 이러한 수학적 세계에 어떤 존재가 어떤 방식으로 관계하고 있는지 '발견하는 것'이다. 선택공리라는 것을 받아들인다면, 바나흐-타르스키 역설로 공 하나가 공 둘로 변할 수 있는 괴상망측한 세계가 되겠지만 말이다.

나는 고등학교 내내, 그리고 대학교 학부 첫 몇 년 동안 기꺼이 플라톤주의의 신봉자가 되었다. 나뿐 아니라 대부분의 수학도가 아마도 플라톤주의자일 것이다. 에르되시 팔(Erdős Pál)이라는 헝가리의 수학자는 아름다운 증명을 보면 "그 책의 증명이군!" 하고 감탄했다고 한다. 여기서 '그 책'이란 수학에 나오는 모든 정리에 대한 가장 우아한 증명을 신이 모아둔 책이라고 한다. 아마 에르되시의 '그 책'도 수학의 이데아 세계를 가리키는 완곡한 표현일 것이다. 책상 앞에 홀로 앉아 우아한 이데아의 세계를 엿보는 일은 얼마나 낭만적인가? 나도 언젠간 '그 책' 한 페이지라도 엿볼 수 있으리라는 믿음으로 수도승처럼 공부했다.

수학에 대한 나의 생각은 수학을 공부하는 자세를 결정지었다. 우선 주변을 대하는 자세가 점차 달라졌다. 모든 해답은 이미 신의 책에 적혀 있다. 좀 더 정확하게 말하면, 내 선배 수학자들이 쓴 수학 교과서에 답이 모두 쓰여 있다. 그러므로 나는 그것을 빠짐없이 꼼꼼히 공부해야 한다. 공부 외에 다른 것에 정신이 팔려서는 안 되므로 주변의 모든 것에 문을 닫아버렸다. 자연스레 과학, 공학, 사회과학 등 다른 학문은 얕보게 되었다. 다른 학문들은 수학적 발견에 별 도움이 될 리 없다고 생각한 것이다. 나는 가장 순수하고 고귀한 학문을 한다는 자부심으로 수학을 공부했다.

⊟ 인본주의적 수학

문제가 생겼다. 수학을 공부할수록 내가 생각하던 수학과 실제 수학이 너무도 달랐다. 수학 전공 서적을 보면 '정의 – 정리 – 증명 – 따름정리'의 반복인 경우가 많다. 그저 수학적 진리가 그렇게 생겼다고 해 맹목적으로 믿고 따를 수만은 없었다. 이런 걸 배우는 이유가 있을 텐데…… 익혀야 하는 전공 지식의 양이 늘어나면서, 공허한 계산과 암기가 반복되었고 자연스레 수학에 흥미를 잃었다. 그러던 가운데 만난 책이 르우벤 허쉬(Reuben Hersh)의 『수학이란 도대체 무엇인가?』이다. 내게 미적분학을 가르쳐준 교수님에게 빌린 책인데, 전공 공부에 쫓겨 끝까지 읽지는 못했지만 수학에 대한 인식을 바꿔놓기에는 충분했다. 수학도 결국 사람이 만든 창조물이라는 게 이 책의 요지이다.

이 책에 따르면, 수학은 일종의 사회 문화 현상이다. 문화는 인간이 모여 살면서 만들어지고, 동시에 인간의 생활양식을 지배한다. 수학도 마찬가지다. 어떤 필요 때문에 수학이 생겨나고, 일단 생겨난 다음에는 사람들 사이에 공유된다. '1+1=2'라는 등식을 다시 보자. 이 등식은 아마도 '사과 하나 옆에 다른 사과 하나를 두면 사과가 둘이 된다'와 같은 상황에서 출발했을 것이다. 적당히 비슷한 물건을 여러 개 모아놓는 상황이다. 이는 인간에게 매우 흔한 작업이다. 또 두 모둠의 물건을 합치는 작업도 자주 이루어진다. 다수의 물건을 셈하는 상황도 잦아진다. 기호를 이용한 산술은 이러한 작업을 엄청난 차이로 단축시킨다. 이렇게 1이나 2와 같은 개념들이 수학적 대상으로 등장하고 사람들 사이에서 공유된다. 이때 말하는 1에는 '1'이라는 시각 신호, '일'이라는 청각 신호, 0이나 2와 같은 다른 기호와의 관계 등 실로 복잡다단한 정보가 내포되어 있다.

이렇게 만들어진 수학적 대상은 복잡한 내적 구조를 갖기 마련이고, 그래서 사람이 알아내기 어려운 성질을 갖는다. 예를 들어 $1+2+3+\cdots\cdots+100$이 10진수로 어떻게 표현되는지 얼핏 봐서는 알아내기 힘들다. 더욱 극단적인 예로, 우리가 잘 아는 정수 집합만 가지고 'a, b, c가 양의 정수이고, n이 3 이상의 정수일 때 항상 $a^n + b^n \neq c^n$인가?' 하는 정말 어려운 문제를 만들어낼 수도 있다. 이 질문에 대한 긍정이 바로 그 유명한 '페르마의 마지막 정리'이다. 이런 점에 한해서 수학적 사실은 '발견되는 것'이다. 그리고 이런 어려운 문제를 풀고자 더욱 복잡한 수학적 대상이 고안된다. 예컨대, 16세기 수학자들은 3, 4차 방정식의 일반해를 구하려고 허수를 도입했다.

◆ 10진수는 다른 종류의 물건들을 모아두는 것으로부터 출발했으리라 짐작된다.
예를 들어 사과 3개, 자두 2개, 귤 4개는 튜플 (3, 2, 4)로 나타낼 수 있으며,
'귤 100개=자두 10개=사과 1개'라고 가정한다면 이는 312라는 숫자로 나타낼 수 있다.

가장 중요한 점은, 각종 수학적 대상은 인간의 필요 때문에 기존의 수학을 바탕으로 만들어진다는 사실이다. 수학적 진리는 완전무결하게 이미 존재하고 있는 것이 아니다. 수학은 그처럼 정적인 학문이 아니다. 수학도 인간이 하는 모든 활동과 마찬가지로 동적이고 역사성을 갖는다. 고대에는 아마도 날짜 계산과 토지 측량 등 현실적인 요청이 수학 발전을 가속화했을 것이다. 근현대에 들어와서는 과학이 수학 발전의 주된 원동력이 되기도 한다. 뉴턴은 자연계를 기술하려고 미적분을 발명했고, 해석학자들은 양자역학의 디랙 델타 함수 등을 엄밀하게 정의하려고 초함수론을 고안했다. 최근에는 컴퓨터 혁명과 맞물려 계산 과학과 수치 해석학 같은 분야가 인기가 많은 듯하다. 이처럼 수학은 만들어진 이유가 따로 있다. 이런 걸 모르고 공부했으니,

전공 수업마다 하늘에서 뚝 떨어진 이론을 배운다는 기분이 들었던 것이다.

⊟ 마치며

아직 풀리지 않은 궁금증도 많다. 지금 가장 궁금한 내용은 수학의 객관성이 어떻게 얻어지느냐는 것이다. 수학은 한국어나 영어와 같은 자연언어에 비해 훨씬 객관적인 언어이다. '1+1=2'라는 사실은 만국 공통이고, 의심의 여지가 없다. 하지만 자연에는 완전한 흑백이 좀처럼 존재하지 않는다. 대부분 회색이다. 실제로 논리를 좀 더 전개시켜보면, 내가 생각하는 1과 영희가 생각하는 1이 다를 수밖에 없다는 사실을 알 수 있다. 다시 말해, 우리는 모두 '불순물이 섞여 있는' 1을 가지고 있는 것이다. 심지어 이 1은 시간과 상황에 따라서도 변한다! 나에게는 군론을 배우기 전과 후의 1은 확연히 다르다. 1은 단순히 숫자 1뿐만 아니라 군에서는 항등원을 의미하기도 한다. 하물며 컴퓨터 메모리에 저장되어 있는 0과 1도 완벽하지 않은데, 어쩌면 당연한 사실 아닐까. 반면, 수학적 명제는 참이거나 거짓이어야 한다. 그리고 과학적 명제와는 달리, 참으로 증명된 수학적 명제는 반증할 수 없다. 이렇게 불완전해 보이는 기반 위에 어떻게 절대적이고 완벽해 보이는 체계가 세워질 수 있는 걸까?

어쨌든, 나는 이제 수학이 이데아나 초월적 존재 따위 없이도 설명

가능하다고 굳게 믿는다. 영원한 진리를 탐구하는 고고한 학자보다는, 주변의 문제를 해결해주는 문제 해결사가 되고 싶다. 실제로 3학년 이후로는 공학, 물리학, 전산학, 사회과학 등 다양한 분야에 관심을 두고 있고, 교과 외에도 다양한 경험을 해보려 노력한다. 플라톤주의자인 수학자들을 감히 폄하할 생각은 없다. 단지 나는 삶과 얽혀 있는 수학이 더 받아들이기 쉽고, 그러한 수학이 삶을 풍요롭게 할 것이라 믿을 뿐이다. 위대한 수학자가 될 수는 없더라도, 수학도로서 주변의 삶에 조금이나마 도움이 된다면 나는 수학을 전공한 것에 만족한다.

백분율과 수학 이야기

화학과 15 **임형빈**

수학의 느낌

흔히 학생들은 고등학교 2학년이 되면 적성에 맞는 학과를 선택해 그에 맞는 수업을 집중적으로 듣는다. 수학과 과학에 소질이 있다면 이과를 선택해 공부할 것이고, 그렇지 않다면 문과에서 인문이나 사회 과목을 배울 것이다. 수학이 싫어서 문과를 갔다 하더라도 기초적인 산수를 포함해 미분, 적분, 통계, 기하 등 수학의 기초적인 내용을 배우게 된다. 어쩌면 살면서 다시는 사용하지 않을 미분이나 적분을 배우는 것이 사춘기 학생들에게 낯설고 차갑게 느껴질 수도 있다. 하지만 시간이 지나서 어렸을 때 이런 감정 때문에 수학 과목을 공부하지 않은 것을 후회하는 사람들이 꽤 많다. 복잡한 미분과 적분은 뒷전으로 돌리더라도 간단한 수치 계산과 실용적인 산수조차 힘들어하기 때문이다. 우리 누나도 이와 같은 심정이었을까?

나에겐 친누나처럼 가깝게 지내는 사촌누나가 한 명 있다. 누나는 중학교와 고등학교 때 흔히 '날라리'로 칭하던 부류에 속했다. 당연히 공부와는 거리가 멀고 매일 밖으로 돌아다녔다. 이런 누나가 매일같이 둘러대던 핑계는 아버지, 즉 나의 고모부였다. 학교에서 돌아와 수학 공부를 하고 있노라면 고모부가 누나에게 다가가 무언가를 물어보고 누나가 대답하지 못하면 폭력을 행사한다고 했다. 예전에 나는 보살펴줄 사람이 없을 때 누나네 집에 가서 있곤 했다. 가끔씩 고모부는 술에 취해 있지 않은 상태에서도 누나가 수학을 못한다는 이유로 책을 던지고 머리를 쥐어박았다. 지금의 내가, 과학고를 졸업하고 카이스트에서 여러 상을 받을 정도로 열심히 공부하고 있는 내가 만약 그때의 누나였다면 계속 열심히 공부했을까? 잘 모르겠다. 누나보다 내가 확실히 두뇌가 명석한지, 아니면 그렇지 않더라도 내가 최선을 다해 노력하는 사람이기 때문인지 모르겠다. 하지만 확실한 경험은 최근에 그 모습을 드러냈다.

➖ 수학에 다가가기

"형빈아, 나 수학 좀 알려줄래?"

저번 설날에 친척들끼리 모여 있을 때 누나가 내게 말을 건넸다.

"뭔데? 말만 해. 다 알려줄게."

나는 자부심에 차서 대답했다. 누나는 펜과 종잇조각을 들고 와서 내가 앉아 있는 탁자에 나란히 앉았다. 나는 얼마나 어려운 것을 물어볼지 궁금해하고 있던 찰나에 누나가 입을 열었다.

"음, 예를 들어서 20만 원짜리 옷을 30% 할인한다고 하면 가격이 얼마인 거야?"

예상 밖의 질문에 나는 매우 당황했다.

"겨우 물어본다는 게 이거야?"

"왜? 빨리 알려줘. 정말 잘 모르겠다니까!"

그래도 누나의 부탁이니 마음을 가다듬고 설명하기 시작했다.

"자, 잘 봐. %라는 개념은 전체를 100개로 보고 그중에서 몇 개인지 세는 거야. 그러면 20만원을 100으로 생각했을 때 30이 얼마인지 계산하면 되겠지? 어려울 것 같으니까 10만원이라고 생각하고 그때 30%가 얼마일까?"

한참을 고민하던 누나가 입을 열었다.

"3만원?"

"그렇지. 그러면 20만원일 때 30%는 얼마일까?"

"그러면 6만원인가?"

"맞아. 그만큼을 할인한다고 했으니까 전체 20만원에서 빼면 되겠지?"

"아! 그렇구나. 그러면……."

누나는 펜을 들고 종이에 계산하기 시작했다. 잠시 후 누나가 말했다.

"그러면 14만원인 거네? 맞지?"

"어, 맞아."

누나의 수학 실력을 보고 처음에는 많이 놀랐고 이상하다고 생각했다. 하지만 누나에게 수학을 알려주면서 오히려 마음속에 연민이 자리 잡았다.

"음, 그렇구나. 재미있네. 나는 어렸을 때 누가 이렇게 친절하게 설명해준 적이 없었는데. 이렇게 설명해주면 될 걸 말이야. 그러면 75%, 이런 복잡한 계산도 계산기 없이 할 수 있는 거야?"

"그럼, 간단하게 할 수 있지."

나는 여태껏 수학을 공부하면서 재미있다는 생각을 의식적으로 해본 적이 없었다. 물론 겉으로 표현해본 적도 없었다. 나는 과학이 좋았고 과학적 현상을 설명하는 게 재미있었기 때문에 과학을 전공으로 선택했다. 하지만 수학을 이렇게 재미있게 배우는 누나의 모습이 새로웠고, 그래서 더 열심히 알려주고 싶었다.

"자, 백분율은 전체를 몇으로 생각한다고 했지?"

"100?"

"그렇지. 그럼 25가 몇 개 있으면 100이 되지?"

"음…… 하나, 둘, 셋, 넷, 넷! 네 개!"

"75는 몇 개가 있어야 될까?"

"아까 봤는데…… 세 개?"

"맞았어. 그러면 총 4개 중에 3개라는 말이지?"

"아아, 그렇게 하는 거구나!"

"그렇다면 20만원을 75% 깎으면 얼마야?"

"4개로 쪼개서 1개만 필요하니까, 음…… 5만원!"

잠시 생각에 빠졌던 누나는 다시 내게 질문을 던졌다.

"아! 하나 더 물어볼 게 있는데."

"어, 얼마든지 물어봐."

"통장에 있는 300만원에 연이율이 5%씩 붙을 때 달마다 얼마씩 늘어나는지 계산할 수 있어?"

갑자기 상대적으로 어려운 질문을 듣게 돼 약간 당황했지만 이내 설명할 수 있었다.

"자, 아까 % 계산하는 건 알려줬지? 300만원의 5%면 얼마야?"

"전체가 100이면…… 100만원일 때 5만원이니까…… 3을 곱하면 15만원이네?"

"오, 잘하네! 15만원이라는 돈이 1년마다 더 붙는데, 1년이 열두 달이니까 어떻게 해야겠어?"

"12로 나눠야 하나?"

"정답! 나눗셈은 할 수 있지?"

누나는 상기된 표정으로 고개를 가로저었다. 오랫동안 산수를 잊고 살아서 기초적인 내용도 기억나지 않았다. 누나에게 나눗셈하는 방법을 알려주고 있는데 갑자기 누나가 말했다.

"아 참, 나 그것도 헷갈리던데. 자릿수를 읽을 때 어떻게 끊어서 읽어야 하는지 숫자가 커질수록 잘 모르겠어."

"그것도 차근차근 알려줄게. 잘 봐. 일, 십, 백, 천, 만, 십만, 백만, 천만, 억, 십억, 백억, 천억, 일조, 십조……."

"우와. 야, 너는 이걸 다 외우고 있는 거야? 처음부터 끝까지?"

"아니 외운다기보다 숫자를 세는 원리가 있어. 일, 십, 백, 천, 만. 여기까지는 이해되지? 만부터는 앞에 썼던 네 가지 단위를 다시 앞에 붙여서 10배씩 커지는 거야. 일만, 십만, 백만, 천만. 그다음에는 만이라는 단위 다음에 억이라는 단위를 쓰는 거고, 마찬가지로 아까 봤던 네 가지 단위를 앞에 붙여서 일억, 십억, 백억, 천억. 1조부터는 천문학적인 숫자여서 누나뿐만 아니라 나도 보기 힘든 숫자니까 여기까지만 알아도 될 거야."

"그러면 이 숫자들이 하나씩 올라갈 때마다 10배씩 커진다는 거지? 잠시만 둘씩 올라가면 20배 커지는 건가?"

"아니야. 10배의 10배니까 100배씩 커져야지."

"아, 그런가? 엄청 헷갈리네."

"아까 알려준 백분율처럼 1%가 100개 있으면 100%가 되는 거고, 10이 100개 있으면 두 칸 건너가서 1,000이 되지."

"너는 선생님 해도 되겠다. 차근차근 설명을 잘하네. 그리고 수학이 이렇게 재밌는 줄은 몰랐어. 어렸을 때는 고리타분하고 지루한 과목인 줄 알았는데……."

수학은 다양한 일상생활 속에서 매우 실용적으로 쓰이고 있고, 대부분의 수학자나 수학에 관심이 있는 사람들은 이를 알고 있을 것이다. 하지만 그렇지 않은 대다수의 사람들에게 수학이란 필수 교육과정의 일환에 불과하다. 내가 누나에게 알려준 백분율과 수의 개념은 초등학교 혹은 중학교 과정에서 배우는 아주 쉬운 개념이다. 그럼에도 누군가에게는 어려워도 재미있는 내용이 될 수 있다. 비록 환경의 탓을 했을지라도 백분율이라는 개념이, 수학이라는 학문이 누나에게는 지적 호기심을 유발하고 배움을 경험할 수 있는 매개체가 되었다.

"여기서 홈플러스까지 거리가 3km라고 하는데, 이 거리가 어느 정도인지 감이 안 와. 이런 건 어떻게 해야 할까?"

사실 누나에게서 질문을 들었을 때 나는 이전에 질문을 들었을 때보다 더 놀랐다. 20대 후반의 누나가, 자가용 자동차를 가지고 있고 매일 필요할 때마다 운전을 해서 이동하는 누나가 거리의 개념이 부족할 줄을 누가 알았겠는가.

"누나, 맨날 자동차 타고 다니면서 내비게이션 보지 않아? 그런데도 물어보는 거야?"

"응, 그래서 가끔 길을 잘못 들어서 돌아갈 때도 꽤 있어. m와 km 단위를 대충은 알겠는데 정확히 어떤 관계인지 모르겠더라."

다른 사람이라면 이 수학적 개념을 어떤 방식으로 설명할까. 나는 여기서 조금이라도 현실적으로 다가오길 바라며 설명을 시작했다.

"자, 미터. 1m가 어느 정도일 것 같아? 팔을 벌려서 대략적으로 어느 정도일지 표현해봐."

누나가 팔을 최대한 크게 벌리면서 말했다.

"이 정도 되려나?"

나는 누나의 팔을 안쪽으로 절반 정도 좁히면서 대답했다.

"그럴 것 같지만 실제로 얼마 되지 않아. 이 정도면 충분히 1m가 될 거야."

"그러면 1km는?"

"영어로 킬로(kilo)는 1,000을 뜻하기 때문에 1m가 1,000개가 있으면 1,000m이고, 1,000m는 1km와 똑같은 거야. 그래서 3km를 가야 한다면 1m를 3,000번 가야 하는 거지."

"음…… 그래도 잘 모르겠어. 내비게이션은 어떻게 남은 주행 시간을 계산하고 예정된 도착 시간을 알려주는 거야?"

"아, 그건 차의 속력과 남은 거리를 알면 계산할 수 있어. 차의 속력은 일정한 거리를 이동할 때 걸린 시간으로 주행한 거리를 나눠주면 계산할 수 있어. 예를 들면, 1초 동안 몇 m를 가는지 한 시간 동안 몇 km를 가는지를 계산하는 거지. 그리고 나서 우리가 가야 할 거리를 이 속력으로 나눠주면 필요한 시간이 나와."

"어렵다. 구체적인 예로 설명해줄래? 아까 홈플러스까지 3km 남았을 때 차를 타고 가면 얼마나 걸릴까?"

"초속 20m로 주행한다고 했을 때 3,000m를 가야 하니까 몇 초가 필요한지 알 수 있겠지? 대략 150초, 즉 2분 30초 정도 걸린다고 생각할 수 있지."

"아, 그 정도밖에 안 걸려? 생각보다 엄청 멀다고 느꼈는데."

"자동차의 속력이 생각보다 빠른 탓이지. 초속 20m는 흔히 쓰는 단위로 바꿔보면 3,600초를 곱하고 1,000m로 나누면 시속 72km니까 사실상 과속을 한다고 가정해버렸네. 하하하."

"에이, 뭐야! 그러면 걸어갔을 때는 얼마나 시간이 걸릴까? 걷는 속도를 알면 계산할 수 있는 거지?"

"그렇지! 성인의 평균 도보 속력을 초속 3m 정도로 생각하고 3,000m를 가야 하니 1,000초가 걸리겠네. 60초로 나눠서 분 단위로 바꿔주면 16~17분 정도 걸릴 거야."

"걸어가도 오래 걸리지는 않구나."

"아까 알려준 백분율도 여기에 적용할 수 있어. 사실 대부분의 수치적인 개념에 적용할 수 있는데, 3km 떨어진 홈플러스까지 걸어서 40% 가는 데 걸리는 시간을 계산해봐."

"너무 어렵다. 꼭 해야 돼?"

"숙제야. 얼른 해봐."

☐ 학생들에게 다가가는 수학

일상생활에서 접하는 수학은 대부분 간단하고 실용적인 개념이 대다수이다. 하지만 이조차 어렵다는 이유로, 굳이 알 필요 없다는 이유로 회피하는 사람들도 있다. 배우고 싶지만 기회를 놓쳐서, 혹은 기회가

오지 않아서 모르는 사람들도 있다. 나는 과외와 학원 강사, 교내 신입생 튜터링 프로그램, 교육 봉사활동 등 수학적 지식을 나눌 수 있는 기회가 있으면 후회하지 않을 정도로 열심히 가르쳐준다. 적어도 이러한 기회조차 마주하지 못해 수학의 재미를 모르고 지나치는 불상사가 없길 바라기 때문이다. 처음에 누나에게 수학을 가르쳐줄 때 괜한 걱정을 한 것 같다. 이렇게 간단한 백분율이나 속도의 개념에도 흥미를 느끼는데 말이다.

물론 세상 모든 사람이 누나 같지는 않다. '수포자'라는 말이 유행할 만큼 우리 사회에도 수학을 기피하는 현상이 끊이지 않는다. 물론 전혀 문제라고 생각하지는 않는다. 적성이 아니라면 충분히 그럴 수 있다. 하지만 한 번이라도, 단 한 번만이라도 이들에게 수학이 친근하게 다가갔는지 묻고 싶다.

"다 풀었어! 6~7분 정도 걸리는 거 맞지?"

"오! 계산기 써서 푼 거 아니야?"

"아니야, 직접 계산해서 풀었어. 정말이야!"

"혹시 설날 지나고 또 모르겠다거나 헷갈리면 언제든지 나한테 물어봐. 시간 날 때 꼭 대답해줄게."

"그래. 진짜 고마워!"

그 후로도 누나는 한참동안 탁자에 앉아 내가 설명해준 개념을 되뇌며 머리를 싸매고 있었다.

수학이라는 말을 들었을 때 누군가는 흔히 미적분을 떠올리며 골

머리를 앓을 것이다. 나는 그들에게 다가가 누나에게 설명했던 것처럼 차근차근 아주 기초적인 내용부터 설명해주고 싶다. 싫은데 억지로 시키는 것이 아니라 정말 천천히 알려주고 싶다. 초기 단계에서 수학 공부를 많이 하지 않아 성적이 낮아서 수학을 기피하는 경우도 많다. 이런 사회 시스템의 문제를 들춰내고 해결책을 찾아야 한다고 주장하는 것이 아니다. 그들에게도 수학을 기초 단계부터 친근하게 배울 수 있는 기회가 주어져야 한다고 생각할 뿐이다. 수학이 0%가 아닌 단 1%라도 가치가 있거나 흥미가 있다면 그걸로 족하다. 수학을 전공으로 혹은 필수적인 도구로 사용하는 과학자로서 너무 주관적으로 생각하는 것 아니냐는 질타를 받을 수도 있다. 하지만 수학이 아니더라도 내 견해는 마찬가지일 테고, 단지 수학이라는 학문이 나의 삶과 밀접하기 때문에 이렇게 말할 수 있는 것뿐이다.

"형빈아, 저번에 설명해준 백분율 다시 설명해줄 수 있어? 또 이해가 잘 안 되네."

수학이 더 다가가기 쉽고, 배우기 쉽고, 몸에 익히기 쉬울 때까지 나 또한 열심히 노력할 것이다.

"그럼, 물론이지!"

제3부

카이스트 학생들이
들려주는 수학 공부법

수학의 육하원칙

신소재공학과 14 **김나경**

⊠ 선생님 + 공대생 = 가르치는 아르바이트

대학교 2학년 때부터 집에서 용돈이 끊기면서 참 많은 아르바이트를 해왔다. 학원강사, 멘토링, 캠프, 서빙, 판촉 홍보, 맥주 시음 홍보, 서포터즈, 과외 등 돈이 되는 일이라면 닥치는 대로 했다. 서빙이나 판촉 홍보 아르바이트는 단순 노동이므로 경력을 필요로 하지 않아 처음 아르바이트를 시작한 대학교 2학년 초반에 많이 했다. 운 좋게 구한 학원강사 자리로 차츰 경력을 쌓아가면서 지금은 단순 노동 아르바이트는 그만두고 보수가 좋고 보람도 많이 느낄 수 있는 가르치는 아르바이트를 하고 있다.

어릴 적 꿈은 선생님이었다. 유치원 때는 유치원 교사가 되고 싶었고, 초등학교 때는 교육대학교에 들어가 초등학교 선생님이 되고 싶었다. 중·고등학교 때는 사범대학교에 들어가 중·고등학교 선생님이 되고 싶었다. 카이스트에 진학한 뒤, 못다 한 선생님의 꿈을 조금이라도 이뤄보고자 꾸준히 강사 일을 하고 있다. 특히 과외는 한 학생과 일대일로 소통할 수 있어 더 선호하는데, 시간이 지나면서 나에게 마음을 열어주는 학생을 보면 마치 진짜 '선생님'이 된 것 같아 뿌듯함을 많이 느꼈다.

공부 잘하는 아이보다 공부를 본격적으로 시작한 지 얼마 되지 않아 아직 공부하는 법을 몰라서 성적이 낮은 학생을 더 선호한다. 성적 오르는 것이 눈에 확연하게 보여 과외 학생에게도, 부모님에게도 내가 마치 잘 가르치는 것처럼 비쳐진다. 그래서 오랫동안 과외를 진행했던 학생은 모두 처음에 성적이 낮은 학생들이었다. 이런 학생은 집중력이 한 시간 이상 지속되지 못한다는 특징이 있다. 그렇기 때문에 한 시간이 지나고 나면 머리를 식혀줄 겸 딴소리를 해야 한다. 학교생활, 교우 관계, 좋아하는 연예인, 취미 등 다양한 주제로 이야기를 나누는데, 여러 주제 중 가장 반응이 좋았던 건 '수학의 육하원칙' 이야기이다.

이야기의 핵심은 이렇다. '언제, 어디서, 누가, 어떻게, 무엇을, 왜' 이 여섯 가지 항목으로 수학 공부법을 알려주어 학생의 사기를 북돋는 것. 아직 공부하는 방법과 이유를 찾지 못해 억지로 힘들게 숙제하는 학생에게 해답을 찾아주는 것이다. 수학과 관련 없는 이야기를 10분 넘게 떠들면 부모님의 눈치가 보이니, 학생도 공부하기 싫고 선생

◆국립중앙과학관에서 진행했던 과학 캠프.

도 가르치기 싫은 날이 오면 가끔씩 써먹던 비장의 이야기 카드이다.

× When + Every day = Whenever

육하원칙의 스토리는 항상 '언제'로 시작한다. 수학 공부를 언제 하는가? 답은 '매일'이다. 답이 너무 평범해서 허무할 정도인데, 아무튼 이것이 답이다. 수학 공부는 매일 해야 한다. 특별한 답을 기대했던 학생은 이 대답을 듣고 나면 항상 재미없다는 투로 말한다. 평범하고 당연한 말일 수도 있지만, 이렇게 생각하게 된 계기가 있다.

수능을 치르고 모든 대학 면접을 끝낸 뒤 고등학교 때 다녔던 수학 학원에서 질문 받아주는 아르바이트를 할 때였다. 분명 수능을 치른 지 한 달도 채 넘지 않은 시점이었는데, 아주 기초적인 몇 개가 기억나지 않았다. $\ln(x)$(자연로그: 실수 e를 밑으로 하는 로그)를 적분하는 방법인 '부분 적분'이 도통 기억나지 않았다. 면접 후 고작 2주를 놀았을 뿐인데, 수능에서 가장 배점이 낮은 2점짜리 문제로 나왔을, $\ln(x)$를 적분하는 방법을 까먹었다. 당시 그 경험은 필자에게 큰 충격으로 다가왔다. 고등학교 시절 내내 3년을 준비한 시험에 나오는 문제를 겨우 한 달밖에 지나지 않았는데 까먹은 것이다.

이렇듯 사람의 기억은 영원하지 않다. 매일매일 상기시켜야 하는데, 특히 모든 공식이 유기적으로 연결된 수학은 앞의 내용을 알지 못하면 뒷부분으로 넘어가지 못한다. 그래서 학생에게 숙제를 낼 때 일주일 치가 아니라 하루 할당량을 정해 매일매일 푼 양을 체크하도록 한다. 그렇게 해서 공식을 매일 상기하고 적용해야 다음 진도로 나갈 수 있고, 수학을 잘할 수 있게 된다.

⊠ Where + Brain Work = Anywhere

그다음 키워드는 '어디서'로 연결된다. 수학 공부는 어디서 해야 하는가? 이 질문의 대답도 앞의 대답과 비슷하다. '머리를 쓸 수 있는 곳이면 아무데나'이다. 대답이 좀 이상하다고 느낄 수도 있겠지만, 정말이다. 고등학교 때 날씨가 좋은 날이면 운동장 벤치에 앉아 공부하기도 했고, 길을 가다가 갑자기 풀이가 생각나면 펜과 종이를 꺼내 길에서 끄적인 적도 있었다. 지금도 어은동(카이스트 앞에 있는 동네 이름) 술집을 가면 간혹 수학 문제를 토의하는 테이블이 있다. 이렇듯 수학 공부는 때와 장소에 구애받지 않는다.

한곳에서 공부하기보다 주기적으로 공부하는 장소를 바꿔주면 질리지 않고 꾸준히 공부하는 데 도움이 된다. 고등학교 때는 독서실, 학교 야간 자율 학습실, 학원 자습실 등 한곳이 질리면 공부할 수 있는 장소를 찾아 다른 곳으로 옮겼다. 대학에 와서는 교양분관, 도서관, 응용공학동 자습실, 기계공학과 독서실 등 매 학기 공부하는 장소를 옮겼다. 나는 순간 집중력은 좋지만 집중하는 시간이 오래 지속되지 못해 하루에도 한 번씩 공부하는 장소를 옮기면서 주변 환경을 새롭게 했다.

⊠ How + What = Improvement

과외뿐만 아니라 멘토링, 캠프, 학원강사 등 학생과 소통하는 일을 할 때 가장 많이 듣는 질문은 '수학 공부를 어떻게 해야 잘할 수 있나요?'이다. 흔히 수학은 암기 과목이 아닌 응용 과목이라고 말한다. 그래서 수학 성적을 올리려면 다양한 문제를 많이 풀어보는 게 중요하다고 한다. 틀린 말은 아니지만 조금 더 세분화시킬 필요가 있다. 수학에도

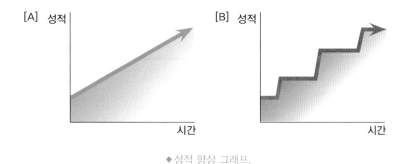

◆성적 향상 그래프.

여러 분야가 있기 때문에 분야별로 공부하는 방법이 조금씩 다르다. 그래서 '무엇을'과 '어떻게'를 같이 묶어서 설명한다.

우선 암기 과목과 응용 과목의 차이를 알아야 한다. 두 과목을 구분하는 방법은 성적 상승 그래프를 그려보면 쉽게 알 수 있다. 위의 그래프는 투입량(input) 대비 산출량(output)을 나타낸 그래프로 가로축은 투자한 시간, 혹은 공부한 양(투입량)이고, 세로축은 성적(산출량)이다. 암기 과목은 [A]처럼 일차 함수의 직선 그래프로 성적 상승 그래프가 그려진다. 다시 말해, 투자한 공부 시간에 비례해 성적이 상승한다. 시험 범위를 몇 번 반복해 공부했는가에 따라 성적이 좌우된다. 암기 과목은 여러 번 반복할수록 뇌에 남아 있는 정보량이 많아져 성적이 상승한다. 반면, 응용 과목은 [B]처럼 그래프가 계단식으로 그려진다. 성적이 상승하는 구간에서는 급격하게 상승하는 대신, 성적이 한 번 오르고 난 뒤 정체기가 따라온다. 따라서 정체기 때 낙담하지 말고 꾸준히 공부하는 인내심을 가져야 한다.

방정식과 부등식, 함수, 미적분학 등을 포함한 해석학 분야는 문제 유형별로 풀이 방법을 외워야 한다. 암기 과목의 형태를 띠기 때문에 초반에는 성적이 많이 오른다. 문제 유형별 풀이 방법을 외우는 일은 누구나 잘할 수 있기 때문에 이 구간에서는 성적이 금방 오른다. 하지만 금세 정체기가 찾아온다. 완전한 암기 분야가 아니라 어느 정도 응용을 요구하는 분야이기에 성적 상승 정체기가 온다. 이 구간에서는 어려운 문제를 조금씩 단계를 높여가며 풀어보면서 지금까지 쌓아온 기본기를 응용하는 방법을 터득해야 한다. 시간을 두고 차근차근 공부하다보면 어느 순간 성적이 확 오르게 된다.

고등학교 수준의 통계 파트는 암기 파트라 할 수 있다. 응용문제는 거의 나오지 않고 기본 유형 문제가 나오기 때문에 성적이 금방 올라 학생의 공부 의욕이 크게 향상하는 부분이다. 반면 기하학은 응용 파트로 성적이 계단식으로 향상되기 때문에 학생이나 선생 모두 동기부여가 잘 되지 않는다.

성적이 잘 오르지 않는 경우는 크게 두 가지이다. 공부 자체를 열심히 하지 않거나, 공부를 열심히 하더라도 그 방법이 올바르지 못해 성적 상승폭이 작은 경우이다. 전자는 뒤에 말할 '왜' 공부하는지 이유를 명확하게 안다면 해결할 수 있다. 후자는 위의 그래프를 이해하고 성적이 오르지 않더라도 좌절하지 않고 꾸준히 노력하면 달콤한 노력의 결실을 맺을 수 있다.

이제 '누가'와 '왜' 두 가지 키워드가 남았다. 사실 '누가 수학 공부를 하는가?'에 대한 답은 명확하다. 답은 당연히 '나'이다. 더 구체적으로 말하면, 부모님이나 선생님과 같은 타인 때문에 억지로 공부하는 것이 아니라 나 스스로 주체적으로 공부해야 한다. 그러려면 '왜' 수학을 공부해야 하는지 알아야 하고, 명확한 목표가 있어야 한다.

수학을 왜 공부하는가? 많은 학생들은 이 질문에 대한 답을 모른 채, 수학 공부는 그저 대학을 가기 위한 하나의 충분조건이라고 생각한다. 틀린 말은 아니지만 단지 대학을 가고자 억지로 공부하는 과목이라고 생각하면 너무 슬프다. 물론 원하는 대학이 명확하게 정해져 있고, 그 대학을 가는 것이 목표인 사람은 원동력이 존재하므로 수학 공부가 덜 힘들지도 모른다. 사람마다 수학을 공부하는 이유는 제각각일 테지만 필자는 '재미있어서'다. 대학을 가기 위한 필수 과목이자 가장 어렵다는 수학을 재미있다고 여기는 것은 가히 축복받은 일이라고 생각한다.

왜 수학이 재미있냐고 물어보면 나의 대답은 '『코난』 같아서'다. 『코난』은 유명한 추리 만화다. 중학교 시절 만화책에 빠져 살 때 『코난』을 정말 좋아했다. 만화를 읽을 때 항상 범인을 추리하면서 읽었는데, 범인을 맞추건 못 맞추건 그 과정이 너무 재밌었다. 수학 문제는 추리 문제와 비슷하다. 주어진 정황, 증인, 증거를 모두 수집해 사건을 하나하나 해결해나가는 추리 문제는 문제 속에 주어진 조건을 모두 사용해 답을 도출하는 수학 문제와 닮았다. 형사 사건과 수학 문제는 주어진 자료를 양껏 사용하되 필요한 정보만 찾아내 문제를 해결한다는 공통점이 있다. 각각의 증거, 조건이 마치 퍼즐처럼 하나하나 맞춰져가는 과정이 재미있다. 수학을 좋아하려면 바로 그 재미를 느껴야 한다.

수학이건 다른 과목이건 모든 과목을 공부하는 이유는 '재미있어서'가 돼야 한다. 재미와 흥미에서 나오는 학문적 호기심이 공부하는 원동력이 돼야 그 과목을 잘할 수 있다. 좋아하지 않는 과목은 잘할 수 없다. 좋아하지 않는 과목을 잘하려면 어떻게든 예쁜 구석, 재미있는 구석을 찾아야 한다. 그 구석을 보고 정을 붙이면 좀 더 즐겁게 공부하고 스트레스를 덜 받게 된다. 권태기가 찾아온 애인 관계를 극복하고자 노력하는 것과 비슷하다고 생각하면 이해가 빠르겠다. 사랑에 빠져 서로의 장점만 보이던 연인이 시간이 흘러 권태기가 오면 서로의 단점만 보인다. 권태기를 극복하려면 단점이 아닌 장점을 보려고 의식적으로 노력해야 한다. 싫어하는 과목도 좋아하는 구석 한군데쯤은 있게 마련이다. 의식적으로 그 부분을 바라보면서 긍정적인 마음으로 공부하다보면 자연스레 성적도 오를 것이다.

☒ 의지 + 재미 = 열정

수학의 육하원칙 이야기를 마친 뒤 학생의 눈을 보면 반짝반짝 불이

켜져 있다. 선생님의 공부 스토리를 듣고 공부 의지가 타올라 눈에 힘이 바짝 들어가 있다. 물론 이 스토리가 그 학생에게 얼마나 도움이 됐는지는 모른다. 그 순간에는 "갑자기 공부하고 싶은 욕구가 생겼어요! 저 열심히 해서 좋은 대학 갈래요!"라고 했을지라도, 수업이 끝난 직후 현관문에서 나를 배웅하고 나면 바로 침대에 누워 페이스북과 웹툰을 보고 깔깔 웃어대며 방금 전에 했던 선생님 말씀을 다 까먹을 수도 있다. 그래도 상관없다. 이야기를 나누던 순간만큼 학생은 열정적으로 나의 말을 경청하고 개선 의지를 내비쳤다. 그것만으로도 충분하다. 공부할 의지가 없는데 부모님이 과외를 시켜 수학 공부를 억지로 하는 학생이 잠시라도 공부하고 싶은 의지가 생겼다면 그것으로 족하다. 이렇게 꾸준히 같이 노력하다보면 언젠가 학생도 나처럼 수학에 재미를 느껴 좀 더 열정적으로 공부할 날이 오지 않을까.

누구나 수학을 잘할 수 있다

항공우주공학과 13 **권혁준**

⊠ 수학을 못하는 이유는?

만약 이 글을 읽는 독자가 수학을 너무 어려운 학문으로 여기는 일명 '수포자'라면 알맞은 글을 고른 것이다. 수학은 평범한 인간이라면 누구나 일정 수준에 도달할 수 있는 학문이다. 그러나 많은 사람이 자신을 '수학을 못하는 사람'으로 단정하고, 그 편견을 평생 가지고 살아간다. 하지만 편견은 편견일 뿐이며, 나는 누구나 수학을 잘할 수 있다고 생각한다. 수학을 잘하려면 수학을 못하는 이유를 알아야 한다. 그 이유를 토대로 문제점을 고쳐나가면 수학은 어느새 친구가 되어 있다. 그렇다면 수학을 못하는 이유와 그 해결 방법에는 어떤 것이 있을까?

⊠ 자기 자신을 알자

수학을 못하는 첫 번째 이유는 자기 자신에 대한 객관적인 인지 부족
이다. 예를 들면, 방금 수학 시험을 치르고 집으로 왔다고 상상해보자.
그리고 스스로 수학 점수를 예측해본다고 하자. 과연 자신이 예측한
수학 점수와 실제 수학 점수가 얼마나 일치할까? 실제로 수학 공부를
포함해 학습을 잘하는 사람들은 자신이 얼마나 알고 있고, 어느 정도
의 수준에 도달했는지 상대적으로 정확하게 인지하고 있음을 증명하
는 연구가 많이 있다. 이 연구들의 결론은 자신에 대한 객관적 인지를
통해 약점을 파악할 수 있고, 이에 맞춰 구체적인 계획을 짤 수 있다
는 것이다. 그러므로 수학을 잘하고 싶다면 먼저 스스로를 알아야 한
다. 이를 위해 객관성을 확보할 수 있어야 하는데 물론 쉽지는 않다.
하지만 매우 큰 효과를 보이는 방법들이 있다.

'일단 적어보는 것'이다. 미적분을 얼마나 알고 있는지 파악하고 싶
다면 미적분에 관해 알고 있는 모든 것을 종이에 적어본다. 이때 책을
참고하지 않고 오로지 기억하고 있는 부분만 적는다. 그런 다음 적은
내용을 미적분을 설명하고 있는 책의 내용과 비교한다. 중요한 개념
이나 공식을 빠뜨렸다면 그만큼 미적분을 모르는 것이다. 이런 방법
으로 객관적으로 자신을 평가해 볼 수 있다. 평가의 결과가 너무 좋지
않아도 전혀 실망할 필요 없다. 자신이 얼마나 수학을 모르는지 알지
못하는 것보다 수학을 잘할 가능성이 몇 배는 올라간다. 위에서 제시
한 예시를 참고해 스스로 알아보고 싶은 내용을 무엇이든 적어서 평

◆ 스스로를 객관적으로 파악할 수 있는 능력이 중요하다.

가해보길 추천한다.

또 다른 방법은 다음과 같다. 일정 시간을 정해놓고 관련 문제를 풀어보고 몇 개를 풀 수 있는지, 그리고 얼마나 답이 맞았는지 측정한다. 몇 번 반복한 뒤 평균을 내면 문제 풀이 속도와 정확도를 객관적인 수치로 확인할 수 있다. 이를 바탕으로 수학 공부에 사용해야 하는 시간을 계산할 수 있으므로 계획을 짜는 데도 큰 도움이 된다. 또 시간이 오래 걸리거나 정확도가 낮은 부분을 금세 알 수 있다. 약점을 파악하고 보완하기 위한 계획을 짜는 데도 큰 도움이 된다.

이처럼 스스로를 정확히 파악하는 것만으로도 수학 실력을 향상시키는 데 큰 기여를 한다. 자신의 약점도 파악하지 않고 무작정 시간만 채우는 공부 방법은 매우 비효율적이다. 수학 실력을 향상시키고자

하는 의지가 있다면 먼저 자신을 객관적으로 파악하는 것부터 실행해
보자!

☒ 계획을 '제대로' 세우자

수학을 못하는 두 번째 이유는 막연한 계획 또는 계획의 부재다. 수학
공부를 위한 계획이 없거나, 계획이 있더라도 아주 막연하게 짠다는
것이다. 수학 공부를 열심히 한다고 하지만 수학 책의 특정 부분만 너
덜너덜해지거나 끝을 보지 못하고 중간에 지치는 경우가 많다. 구체
적인 계획이 없을 때 벌어지는 흔한 상황이다. 구체적인 계획이 없으
면 무의식적으로 쉬운 단원만 공부하거나 어려운 부분을 피하게 된
다. 공부 진행도의 기준이 없기 때문에 성취감을 느끼지 못해 중간에
지치기도 쉽다. 사실 계획의 중요성은 독자들도 충분히 알고 있을 것
이다. '당연한 얘기를 왜 하고 있어?'라고 생각할지도 모른다. 하지만
수학 공부를 못하는 첫 번째 이유로 언급한 '자신에 대한 객관적인 인
지의 부족'이 충분히 숙지되었다면, 이제는 자신의 판단력을 의심해
볼 시점이다. 모두가 계획의 중요성은 알고 있지만, 실제로 실행에 옮
기지 않거나 알맞은 방법으로 계획을 세우지 않는 경우가 많다. 그래
서 나는 알맞은 계획을 세우기 위한 방법을 제시하고자 한다.

먼저, 계획은 큰 부분과 작은 부분으로 나눠서 짠다. 큰 계획은 미
래의 원대한 목표를 위한 것이고, 작은 계획은 평소의 구체적인 행동

을 위한 것이다. 대부분 큰 계획은 잘 세우지만 작은 계획은 그렇지 못하다. 예를 들어보자. '이번 달 안에 수학 실력 올리기'와 '오늘 오후 7시부터 9시까지 확률과 통계 개념 복습하기'라는 계획 두 가지가 있다. 무엇이 작은 계획에 해당하고, 무엇이 큰 계획에 해당할까? 당연히 전자가 큰 계획이고, 후자가 작은 계획이다. 큰 계획에만 의지할 경우, 오늘 하루에 해야 할 구체적인 행동 지침은 없다. 그러다 보면 공부를 미루게 되고, 자신의 약점을 피해서 공부하는 좋지 않은 습관이 생긴다. 결국 큰 계획도 포기하고 만다. 작은 계획을 짤 수 있어야 매일 무엇을 해야 하는지 파악하고, 객관적으로 상황을 파악해 효율적인 공부를 할 수 있다. 그렇다고 큰 계획이 필요 없는 것일까? 큰 계획이 있어야 긍정적인 미래를 상상하고 동기를 부여받을 수 있다. 지금 하고 있는 구체적인 행동이 미래에 어떤 선물이 되어 돌아올지 상상할 수 있기 때문이다. 이 순간 공부해서 얻는 최종 결과를 알아야 지금 실천하는 행동에 의미를 부여할 수 있다. 스스로 의미 있는 행동을 하고 있다는 생각만큼 좋은 동기가 또 있을까.

큰 계획은 누구나 쉽게 세우지만, 작은 계획을 짜는 일은 만만치 않다. 구체적인 시간과 행동까지 고려한 작은 계획을 짜려면 무엇이 필요할까? '스스로에 대한 객관적인 인지 부족'을 수학을 못하는 첫 번째 이유로 선택한 이유가 바로 여기에 있다. 구체적인 계획을 짜려면 먼저 스스로를 정확하게 파악해야 한다. 수학 공부에서 자신이 약한 부분, 공부에 걸리는 시간 등을 인지해야 구체적이고도 세세한 계획을 짤 수 있다. 자기 자신을 모르면 작은 계획을 짤 수 없다. 예컨대, 자신의 약점이 '기하와 벡터'이고, '기하와 벡터' 30문제를 푸는 데 한 시간이 걸린다는 사실을 알고 있다고 가정하자. 그러면 작은 계획으로 하루에 '기하와 벡터' 30문제를 푸는 시간을 따로 한 시간을 잡을 수 있다. 매일 공부의 양을 수치화시켜 측정하면서 앞에서 파악한 자신의 약점을 보완할 수 있다. 하지만 약점을 제대로 파악하고 있지 않다면 구체적인 계획을 세우는 건 애초부터 불가능할 것이다.

☒ 꾸준히 노력하자

수학을 못하는 세 번째 이유는 꾸준함이 부족하다는 것이다. 수학은 아주 깊고 넓은 학문이기 때문에 전문가라도 꾸준하게 갈고 닦지 않으면 실력이 떨어진다. 하물며 학생이나 일반인은 그 과정을 더 심하게 겪을 수밖에 없다. 앞에서 언급했던 두 가지 원인을 파악하고 극복하더라도 꾸준함이 없다면 한계가 금방 찾아온다. 자신의 단점을 파악해 계획을 짜더라도, 끝까지 해내지 않으면 무슨 소용인가. 꾸준함이 수학 실력 향상에 중대한 영향을 끼친다는 사실은 '뇌 과학' 분야에서 이미 밝혀졌다. 우리의 뇌는 물리적으로 꾸준히 변화하는 '가소성'이라는 성질을 가지고 있다. 뇌는 뉴런과 단백질 덩어리로 이루어져 있는데, 이 구성 물질이 물리적으로 변화한다는 말이다. 많은 사람이 뇌는 성장기 이후로 발전을 멈추고 퇴화한다고 생각하지만, 아무런 과학적 근거가 없는 속설일 뿐이다. 뇌는 사용할수록 꾸준하게 변화하고 발전한다.

실제로 런던에서 이 이론이 증명되었다. 런던은 다른 도시에 비해 매우 복잡해서 택시 운전사가 되려면 초고난이도의 시험에 합격해야 한다. 그 복잡한 런던을 누비고 다니는 과정이 택시 운전사들의 뇌에 변화를 일으키는지 알아보기 위해 런던의 택시 기사 자격시험의 합격자들과 불합격자들의 뇌를 비교해보았다. 처음에는 두 집단 사이에 별 차이가 없었으나, 수년 뒤 관찰해보니 합격자들의 해마가 불합격자들의 해마보다 훨씬 발달해 있었다. 해마는 뇌에서 복잡한 패턴에 대한 기억을 관장하는 부분이다. 이 사례로 뇌의 특정 부분을 사용할수록 그 부분의 신경섬유의 밀도가 높아지고, 물리적으로 변화하며 발전한다는 사실을 알 수 있다. 그래서 런던의 택시 운전사들은 불합격한 사람들보다 훨씬 길을 잘 찾을 수 있었던 것이다.

마찬가지로 수학에 쓰는 뇌의 특정 부분을 꾸준하게 사용하면 그 부분이 발달해 수학 실력 향상에 크게 기여한다는 결론을 내릴 수 있다. 뇌의 변화 과정은 하루아침에 일어나는 일이 아니다. 런던의 택시 운전사들의 뇌도 며칠 단위로 비교했다면 큰 차이를 발견하지 못했을 것이다. 장기간의 꾸준한 연습과 훈련이 있어야만 뇌를 물리적으로 변화시킨다. 곧, 오랫동안 꾸준히 수학 공부를 해야만 수학을 잘하는 더 좋은 뇌를 가질 수 있다. 그러면 결과적으로 수학 실력이 향상된다. 하지만 꾸준함을 유지하는 것은 굉장히 어려운 일이다. '작심삼일'이라는 말이 있듯이 마음을 먹어도 장기간 유지하는 것은 쉽지 않다. 그러나 꾸준함 없이 수학을 잘하기도 쉽지 않기에 나는 지금부터 이 꾸준함을 키울 수 있는 방법을 말해보려 한다.

첫 번째 방법은 '습관의 형성'이다. 습관이란 자신도 모르게 매일 반복하고 있는 행위를 말하는데, 습관이 형성되면 크게 신경 쓰지 않아도 자연스럽게 꾸준함을 유지하게 된다. 수학 공부를 위한 계획을 짜고, 그 계획을 꾸준하게 진행하려면 습관이 형성되어야 한다. 보통 인간이 평균적으로 습관을 형성하려면 어떤 행위를 최소 60일 정도 반복해서 실행해야 한다. 그러므로 첫 60일은 억지로라도 계획을 따라가야 한다. 60일을 버틴 후 습관이 형성되면, 굳이 억지로 하지 않더라도 자연스럽게 자신이 세운 계획을 따라가게 된다. 고통 없이는 얻는 것도 없다. 수학 실력 향상을 위해 60일만 버텨보는 건 어떨까. 이후에는 무의식적으로 습관이 형성되어 오히려 계획대로 따라가지 않으면 불편함을 느끼는 자신을 발견할 것이다.

꾸준함을 키울 수 있는 두 번째 방법은 '작은 목표를 세우고 이루어보기'다. 작은 목표란 자신이 이룰 수 있는 실현 가능한 목표를 말한다. 충분히 실현 가능하기에 성공이 수월하고, 그로부터 얻은 성취감이 꾸준함을 유지하게 하는 '동기'라는 연료를 주입해준다. 작은 목표는 세우지 않고 실현 가능성이 적은 원대한 목표만 세우다보면, 중간에 지칠 확률이 높다. 지치면 꾸준함을 포기할 확률도 높아진다. 따라서 실현 가능한 목표를 차근차근 이루어나가면서 동기를 부여받는 일이 중요하다. 예를 들어, 저번 시험에 수학 점수로 70점을 받았다고 하자. 그렇다면 다음 수학 시험에서 100점을 받는 원대한 목표를 세우지 말고, 75점을 받는 실현 가능한 목표를 세워야 한다. 한 번에 30점을 올리기는 힘들지만, 5점을 올리는 건 충분히 가능하다. 다음 시험에서 75점 이상을 받으면 목표를 이루었다는 성취감을 맛본다. 그 성취감이 동기가 되어 다음 목표를 세우고 이루는 원동력이 된다.

☒ 앞으로의 방향

지금까지 수학을 못하는 이유와 그것을 개선하는 방법을 이야기했다. 수학을 못하는 세 가지 이유는 수학 실력에 대한 객관적인 인지 부족, 막연한 계획 또는 계획의 부재, 꾸준함의 결여이다. 이 원인들은 서로 유기적으로 얽혀 있어서 분리하여 생각할 수 없다. 그러므로 동시에 함께 개선해나가야 선순환이 일어나 더 좋은 효과를 본다. 자신의 수학 수준을 객관적으로 인지해야 구체적인 계획을 세울 수 있고, 꾸준하게 계획을 따라가야 향상된 수학 실력을 기대할 수 있다. 물론 처음에는 생각보다 문제점도 많고 개선 방법들이 쉽지 않아 막막하다. 이때는 '작은 목표를 세우고 이루어보기'를 다시 생각해보길 바란다. 자신이 할 수 있는 작은 일부터 이루면 된다. 예컨대, 먼저 자신을 알아가는 일부터 하자. 어느 정도 익숙해지면 이를 토대로 천천히 계획을 세우자. 구체적으로 몇 시부터 몇 시까지 특정 부분을 공부하겠다는

◆올바른 방향으로 꾸준히 달린다면 누구나 수학을 잘할 수 있다.

방식으로 말이다. 이렇게 작은 목표를 세운 뒤 60일간 참고 꾸준하게 해보자. 그리고 60일간 형성된 습관으로 꾸준하게 공부해나가면 된다. 생각보다 빨리 수학 실력이 향상된 모습을 볼 수 있다.

부루마블과 나, 그리고 수학

전기및전자공학부 14 **탁지훈**

카이스트 학생 대부분은 주변 친구나 어른들로부터 공부 방법에 관한 질문을 자주 듣는다. 나 역시 마찬가지다. 어려서부터 수학과 과학에 관심이 많았다. 그래서 과학고에 입학해 여기까지 올 수 있었다. 과학고에서도 몇몇 천재들을 제외하면, 다른 친구들에 비해 수학을 잘했기에 카이스트에도 올 수 있었다. 그런 나에게, 많은 사람들이 수학 공부 방법을 묻는다. 그럴 때마다 간단한 답변을 주었다. "수학을 좋아하면 됩니다." 참 뻔뻔한 답변이다. 카이스트에 와보니 수학을 사랑하고 좋아하는 친구들이 정말 많다. 밥 먹으면서 재미있는 수학 얘기를 나누기도 하고, 공학에서 배우는 수학과 순수 학문에서 배우는 수학이 어떻게 다른지 토론을 벌이기도 한다. 나는 이런 축에 속하지는 않지만, 그래도 나름 수학을 좋아한다. 물론 좋아하는 것만으로 수학을 잘하기는 힘들다. 엄밀하게 말하면, 수학을 좋아하는 것과 수학 점수를 잘 따내는 것은 다르다. 주변에 수학을 좋아하지만 수학 점수는 높지 않은 친구가 있다. 따라서 수학을 잘하려면 수학을 어느 정도 좋아하면서 점수도 잘 따낼 줄 알아야 한다.

⊠ 수학을 좋아하게 된 계기

수학을 잘하기 위해 수학을 좋아하면 가장 좋지만, 적어도 수학에 거부감이 없어야 한다. 나는 수학이라는 학문을 인지하기 전에 이미 숫자와 산수에 익숙했다. 우리는 일반적으로 유치원 때 처음으로 숫자의 개념을 이해하고 수학이라는 과목을 알게 된다. 그 당시 나는 친구들에 비해 숫자에 매우 능한 편이었다. 기억은 없지만 어머니의 말에 따르면, 분식집에서 내가 먹은 음식을 계산할 때나 문방구에서 물건을 사고 계산할 때 속도가 매우 빨라 주인들이 놀랐다고 한다. 그래서 주변 사람들이 어머니에게 어떤 학습지로 공부하는지 물으면 늘 '부루마블'을 한다고 대답했다. '부루마블'은 보드게임이다. 세계 여행을 하면서 땅과 건물을 짓고, 남의 땅에 도착하면 숙박료를 내야 한다. 한 자릿수 산수도 어려운 나이였지만, '부루마블'을 하려면 백의 자리 연산까지 할 줄 알아야 했다. 어려서부터 나이가 세 살 넘게 많은 형들과 함께 자랐다. 우리는 늘 모여서 '부루마블'을 했다. 형들은 영악해

나이 어리고 셈도 못하는 나를 속이면서 돈 계산을 했다고 한다. 구구단을 섭렵한 형들에게 여섯 살 꼬마 아이를 속이는 일은 어렵지 않았다. 주사위를 굴리고 나서 형들은 눈 깜짝할 새에 나를 속인 뒤, 바로 다음 사람이 주사위를 굴렸다. 앞에 수북하게 쌓여 있던 지폐가 하나둘 모르는 사이에 사라졌고, 나는 늘 꼴찌를 했다. 분명 부동산 값이 가장 비싼 서울을 가지고 있었는데 파산을 면치 못해 울음을 터트린 적도 있었다. 아버지는 뒤에서 그 모습을 지켜보면서 형들을 혼내기는커녕 즐겁게 웃곤 했다. 아버지의 말에 따르면, 나는 승부욕에 불타올라 형들이 떠나고 난 뒤 지폐들을 세면서 혼자 셈 공부를 했다고 한다. 그 사이에서 살아남기 위해 나는 셈을 빠르게 하기 시작했다. 그 결과 당연히 주변 친구들에 비해 셈이 빨라졌다. 당시 나에게 수학은 형들과 게임을 하기 위한 생존수단이었다. 나는 수학이라는 단어조차 모를 때 이미 수학과 친해지고 있었다.

초등학교에 들어가면 구구단을 배운다. 이때부터 소위 말하는 수포자가 생긴다. 우리 형도 수포자 중 한 명이었다. 유치원에서 형이 구구단을 외우지 못해 부모님에게 자주 혼났던 기억이 난다. 당시만 해도 세 살 많은 형에게 자주 맞고 자라서인지 불만이 많았다. 이런 형을 이길 수 있는 방법은 많지 많았다. 그래서 구구단을 외웠다. 매주 형이 구구단을 외우는 시간에, 옆에서 열심히 복습하며 만반의 준비를 했다. 그러고는 형이 구구단을 틀릴 때마다 옳은 정답을 부모님에게 외쳤다. 아버지는 동생도 외우는 구구단을 왜 외우지 못하냐면서 형을 혼냈다. 그 통쾌함에 즐겁게 구구단을 외웠다. 형 주변에서 구구단 노래를 최대한 얄밉게 불러서 또 맞았던 기억이 떠오른다. 지금 생각해도 정말 못된 동생이다. 좋은 의도는 아니지만, 그렇게 나는 스스로의 의지로 구구단을 외웠다. 나에게 구구단은 수학도, 학문도, 공부도 아닌 형을 혼나게 만드는 수단이었다. 덕분에 거부감 없이 수학을 즐겁게 배워갔다.

초등학교에 들어가서는 수학을 또래 친구들에 비해 잘했다. 모두 형 덕분이었다. 저학년 수학은 주로 산수였기 때문에 늘 수학을 잘했다. 잘하는 과목은 늘 관심이 가고 좋아하기 쉽다. 그래서인지 수학이 늘 좋았다. 칭찬을 많이 들어서 스스로 공부했고 그 결과 수학은 늘 잘한다는 소리를 들었다. 그렇게 중학교에 진학하게 되었다. 중학교 수학은 멋있었다. 함수를 배울 때면 영화에서 보는 것처럼, 영어로 된 수식을 적어 내려가고 있었다. 하지만 내 글씨체는 멋있지 않았다. 글씨체와 수학이 무슨 연관이 있겠냐만, 어린 나에게는 수학이란 멋 그 자체였고 그 멋을 더 살리고 싶었다. 그래서 한동안 글씨체만 연구했다. 어떻게 하면 더 멋있게 쓸 수 있을까? 내가 찾은 정답은 필기체였다. y를 적을 때는 마치 지렁이의 머리처럼 구부정하게 적기 시작했고 끝에는 휘날리며 여운을 남겼다. 모든 글자 하나하나 멋있게 쓰려고 노력했고, 결국 나는 필기체를 쓸 수 있었다. 그때부터 수학의 수식을 적는 것이 즐거웠다. 깔끔하게, 그리고 멋있게 적은 수식들을 바라보면 정말 뿌듯했다. 그래서인지 필기체를 완성하고 난 뒤, 한동안 수학 연습 공책을 버리지 않았다. 쌓인 수학 공책을 보며 굉장히 뿌듯해했다. 고등학교에 들어가서는 선생님에게 수학 풀이를 판서하는 방법을 배웠고, 깔끔하고 멋있는 글씨체로 더욱 수학 공부를 즐겁게 했다.

사실 수학을 언제부터 좋아했는지 잘 기억이 나지 않았는데, 생각을 정리하다보니 수학을 좋아해서 시작한 것보다 수학을 잘해서, 멋을 위해서 수학을 좋아하게 된 것 같다. 무엇보다 확실한 건 단 한 번도 억지로 공부한 적이 없었다는 점이다. 자연스럽게 숫자와 친해지고, 수학을 좋아하고, 수학을 좋아하기 위해 했던 노력이 결국 수학을 잘하는 결과로 이어졌다. 좋아하지 않는 공부를 잘하기는 정말 어려운 일이다. 그러므로 지금 수학을 싫어하고 있다면, 수학을 좋아할 수 있는 방법을 고민해보는 것은 어떨까?

⊠ 나만의 수학 공부 방법

수학 점수를 잘 따내는 일은 쉽지 않다. 대학에 들어와 수없이 많은 과외를 했다. 공통적으로 모든 과외 학생들은 수학 점수를 잘 받는 방법을 물어본다. 나는 아이디어를 빠르게 생각한 뒤에 실수 없이 빠르게 계산하라고 조언한다. 당연한 말이다. 우리나라 교육 시스템은 수학을 잘하는 학생에게 점수를 주도록 되어 있지 않다. 수학을 잘하는 학생은 모든 교과 과정의 수학을 이해하고, 증명할 줄 알며, 나아가 수학에 호기심이 많은 학생을 말한다. 하지만 우리나라 교육 시스템은 수학을 충분히 고민할 시간을 주지 않는다. 그저 빠른 시간 안에 정확한 정답을 찾아내야 한다. 따라서 점수를 잘 받기 위해서는, 실수 없이 빠르게 아이디어를 생각해내고 빠르게 계산할 줄 알아야 한다.

빠르게 계산하는 능력은 연습으로만 얻어진다. 여러 예능 프로그램을 보면, 엄청난 산수 능력을 지닌 이들이 나온다. 천재라고 불리는 카이스트 수학과 교수님도 그 정도의 산수 능력을 가지고 있지 않다. 그저 남들에 비해 산수 능력을 키운 것뿐이다. 산수 능력도 물론 중요하지만, 고교 과정부터는 수식 전개 속도가 더욱 중요하다. 고등학교 재학 시절 몇몇 천재들도 있었지만, 그들보다 자신 있는 건 빠른 수식 전개였다. 물론 그 천재들은 아이디어를 생각하는 능력이 나보다 한 수 위였다. 그들과 비슷한 성적을 얻으려면 손의 속도를 키울 수밖에 없었다. 손의 속도를 키우려면 복잡한 수식을 자주 접하고 전개해보면 된다. 나는 수학보다 물리를 더 좋아하는 학생이었다. 물리에서는 변수가 열 가지가 넘는 복잡한 수식을 전개할 때가 굉장히 많았다. 물리 문제를 풀면서 최대한 식 전개를 귀찮아하지 않고 하나하나 차근차근 해결해나갔다. 그 결과 식의 전개 속도, 즉 손의 빠르기가 다른 학생들에 비해 빨라졌다. 손이 느린 친구라면 복잡한 수식 전개를 연습해 정확도와 속도 높이기를 추천한다. 그렇다면 다른 친구들에게 아이디어 싸움에서는 지더라도, 늦게 생각해낸 아이디어를 더욱 빠르게 해결할 수 있다.

물론 수식 전개 속도도 중요하지만 제일 중요한 건 아이디어다. 문제를 해결할 수 있는 아이디어를 빠른 시간 안에 찾아야 한다. 아이디어가 좋다면, 별다른 수식 전개나 계산 없이도 답에 도달한다. 많은 학생이 수학 문제가 단순히 두뇌 싸움이고 지적 영역이라고만 생각한다. 그렇지 않다. 고등학교 수학과 대학교 공학 수학은 문제 유형이 정해져 있다. 그러므로 해법 역시 압축시킬 수 있다. 물론 우리의 두뇌가 좋지 않기에, 유형별 해법을 전부 외울 수는 없다. 그래도 이를 최대한 익히려면 반복 학습을 해야 한다. 문제집을 풀 때는 처음부터 끝까지 인내심을 가지고 풀되, 틀린 문제는 꼭 표시해두어야 한다. 틀린 문제, 혹은 재미있게 풀거나 힘들게 푼 문제는 반복해서 네다섯 번 정도 푼다면, 해당 유형은 쉽게 틀리지 않는다. 나중에 비슷한 유형의 문제가 보이면 해법이 바로 보이는 신기한 현상을 경험할 수 있다. 실제로 이 방법을 사용해 『수학의 정석』이라는 책을 다섯 번 정도 풀었다. 책에 손때가 묻어 점점 검게 변할 때 정말 뿌듯했다. 고등학교 재학 시절, 이 책의 어떤 문제를 던져줘도 바로 풀 수 있는 실력을 갖추게 되었다. 많은 과외 학생들이 수학 공부를 할 때 자주 저지르는 실수는 수학 문제집을 한 번만 본다는 것이다. 틀린 문제를 다시 보지 않고 다음에 틀리지 않는다면, 그 친구는 천재일 가능성이 높다. 대부분의 학생들은 틀린 문제는 또 틀린다. 그러니 틀린 문제나 우연히 풀게 된 문제는 반복해서 공부해야 한다. 아이디어를 빠른 시간 내로 얻기 위한 중요한 방법이다.

반복 학습의 중요성을 알았다면, 반복 학습의 방법을 알아야 할 차

◆자신이 집중할 수 있는 시간을 알아내야 한다.

레다. 반복 학습에도 방법이 있다. 우선 시험은 시간 싸움이므로 처음 문제를 풀 때는 시간을 정해둔다. 이 시간은 본인이 한 문제에 최대한 집중할 수 있는 시간을 말한다. 나는 15분 정도로 잡았다. 15분 동안 문제를 풀어보고, 풀지 못하면 틀린 문제라 생각하고 넘어간다. 나에게는 15분이 최대한 집중할 수 있는 한계선이었다. 그 이상 시간이 지나면 쓸데없는 잡념에 빠져들곤 했다. 그래서 시계를 앞에 두고, 15분이 넘어가면 표시를 한 다음 다른 문제로 넘어갔다. 단원이 끝나면 그때마다 답지를 보면서 표시한 문제를 직접 손으로 풀었다. 절대 눈으로만 답지를 본 적이 없다. 손끝에서 수식 하나하나를 적어 내려갈 때 좀 더 집중해서 생각하게 된다. 그러니 꼭 해답을 눈으로만 보지 말고 답지를 선생님 삼아 함께 풀어나가야 한다. 그렇게 한 번 문제집을 훑는 데 정말 많은 시간이 걸린다. 하지만 이제 시작이다. 표시해둔 모든 문제를 다시 한 번 시간에 맞춰 풀어야 한다. 이때는 좀 더 짧은 시간을 할애했다. 10분 내로 아이디어를 떠올리지 못하면 바로 다음 문제로 넘어갔다. 한 번 본 문제여서인지, 집중력이 더 떨어져 시간을 줄여서 풀었다. 다시 풀어도 수월하게 푼 문제가 아니라면 새롭게 표시했다.

이 방법을 반복했을 때, 내 책에는 한 번의 표시가 있는 문제부터 다섯 번의 표시가 있는 문제까지 다양하게 존재했다. 그 표시는 중요도를 뜻한다. 내가 잘 모르거나 중요하다고 생각하는 문제이기 때문이다. 시험 기간에는 네 번 이상 표시된 문제만 보아도 충분히 공부가 되었다. 그래서 시험 기간 2주 전까지만 수학에 전념하고, 남은 기간에는 다른 과목에 집중했다. 수학 시험 하루 전에는 중요한 문제만 빠르게 훑어봐서 짧은 시간 안에 감각을 되살려 시험에 임할 수 있었다.

마지막으로 소개하는 방법은 공부를 잘하기 위한 방법은 아니다. 하지만 고교 시험에서 시험 시간에 빠르고 재치 있게 문제를 푸는 방법이다. 우리는 수학 문제를 받으면 문제를 이해하고 하나하나 풀기 시작한다. 그러나 너무 시간이 오래 걸리고, 모든 문제를 전부 이런 식으로 풀 수 없을 때가 종종 있다. 따라서 객관식의 경우는 정답을 먼저 읽는다. 그런 다음 역으로 문제에 답을 대입해 논리적으로 맞으면 정답이 된다. 방정식이 주어지고 해답을 구하라고 한다면, 객관식 보기를 방정식에 대입해서 말이 되는 것을 고르면 된다. 물론 이것이 수학을 잘하는 방법은 아니지만, 짧은 시간 안에 모든 문제를 풀 수 없을 때 이런 방법도 쓸 수는 있다.

수학을 잘하기는 쉽지 않다. 천재가 아니라면 수없이 노력해야 하며, 심지어 자신에게 맞는 공부 방법도 찾아야 한다. 자신에게 맞는 방법을 찾지 못해 흥미를 잃고 아예 처음부터 관심이 없어서 포기하는 경우도 많다. 하지만 어쩔 수 없이 우리 사회와 대학에서는 수학을 기본으로 요구한다. 그러므로 더욱이 포기해서는 안 된다. 쉽지는 않겠지만, 여러 방법을 동원해 포기하는 일은 없었으면 좋겠다. 이 글에서 소개된 방법은 나만의 공부 방법이지만, 주변 카이스트 친구들의 수학 공부 방법과 공통점이 많다. 이 글에 소개된 방법을 비롯해 여러 방법이 소개되어 많은 사람이 수포자가 되는 일이 없었으면 한다.

방정식의 정의

생명화학공학과 15 **홍지현**

☒ 나는 '수학'과 그렇게 연이 깊은 사람이 아니다

나는 '수학'과 그렇게 연이 깊은 사람이 아니다. 이공계라는 진로 결정에 가장 큰 걱정 요소 가운데 하나가 수학이었으니. 아마 학생들 대부분이 그랬을 것이다. 그렇다고 내가 수학을 싫어한 것도 아니다. 수학은 그저 '잘해야 하지만 남들이 나보다 잘하는 과목' 그 이상도 이하도 아니었다. 그 과목을 지나치게 못하면 내가 하고 싶은 일을 할수 없었다. 그래서 나름대로 열심히 공부해 어느 정도 수준까지 가려고 노력했다. 돌이켜보면 중·고등학교 시절 수학 공부는 무한한 반복이었다. 주어진 문제를 빠르고 정확하게 풀어내기 위해 반복하고 또반복했다. 수학 노트가 빽빽하도록, 손날이 까매지도록 풀면서 익혔다. 수학은 언어와 같았다. 꾸준하게 반복하고 익숙해져야 하고, 손에서 놓으면 다시 녹슬어버리는 제2외국어 중 하나였다. 하지만 고등학교 이전의 수학과 그 이후의 수학은 선명하게 다르다. 수학을 바라보는 시각에 변화가 생겼다. 하지만 그 변화로 싫어하던 수학을 좋아하게 된 것도, 못하던 수학을 잘하게 된 것도 아니다. 여전히 나는 수학에 관심이 없고, 내 전공과목을 이해하기 위한 수학 공부 그 이상도 이하도 하지 않는다. 그렇지만 내가 수학을 바라보는 관점은 분명하게 달라졌다.

⊠ 방정식의 정의

그 변화는 고등학교 1학년, 아니면 2학년 때 어떤 수학 수업에서 일어났다. 사실 기억이 정확하지는 않다. 우리 학교 수업은 여러 수학 선생님들이 각자 다른 단원의 진도를 나가는 식으로 진행되었는데, 그 가운데 한 선생님의 수업이었다. 특별히 기억할 만한 날도 아니었다. 나는 수업 태도가 좋은 학생이 아니어서 그 선생님 수업 때 종종 졸기도 했다. 그날 선생님은 교실에 들어와 모든 수업 자료를 덮게 하고, 문제를 냈다.

"방정식의 정의가 뭔지 아는 사람?"

정확하지는 않지만 이런 의도의 질문이었다. 그 자리에 앉아 있던 우리 반 20명은 거의 10여 년간 수백 개, 수천 개의 방정식을 풀어온 사람들이었다. 그렇지만 선생님의 질문에 선뜻 대답할 수 있는 사람은 없었다. 나는 기계적으로 풀어오던 그 많은 방정식이 무엇인지 한 번도 고민해보지 않았다는 사실을 깨달았다. 선생님은 이런 식으로 방정식 말고도 함수의 정의 등 질문을 몇 개 더 던졌다. 내가 대답할 수 있는 문제는 하나도 없었다. 그러고 나서야 나는 각 단원의 첫 장, 문제를 풀기 위해 그냥 넘기던, 선행 학습으로 너무 일찍 배워 너무 일찍 흘려버린 그 정의들이 담긴 페이지를 처음 마주했다. 함수는 기본적으로 집합에서 정의된다. 정의역과 치역을 구하라는 질문에 쉬이 답하던 나는 어떻게 함수의 정의도 모른 채 그 많은 문제를 풀었을까. 선생님은 그날 수업을, 정의는 툭 찌르면 튀어나올 수 있게 연습하라는 말로 마쳤다.

그날 선생님 수업의 의도는 변화하는 입시 제도에 맞춰 개념을 탄탄히 해야 한다는 것이었지만, 내가 배운 것은 그게 아니었다. 내가 여태까지 해오던 수학 공부에 대한 시각을 바꿔야 했다. 과학에서 개념을 그렇게 강조하며 암기를 위한 노트를 만들던 나는, 한 번도 수학에서 내용 정리 노트가 필요하다고 생각해본 적이 없었다. 사실 노트의 필요성은 명백했다. 언어 과목에서 단어장 없이 어떻게 언어를 배울 수 있을까?

그 뒤로 나와 친구들은 서로에게 수학, 과학 용어의 정의를 묻는 질문을 종종 던졌다. 문제를 푸는 용도의 수학 노트가 아닌, 용어의 정의를 정리해두는 노트를 만들었다. 그리고 되풀이해서 읽으며 개념을 되새겼다. 물론 수학 공부 자체는 전처럼 노트에 문제를 반복해서 풀

◆ 지나치게 익숙해져버린 수학적 개념들.

어야 했다. 그냥 얇은 노트 한 권의 추가, 그게 전부였다. 그렇게 나의 입시가 지나갔고 내가 수학을 공부할 일은 끝난 것 같았다.

하지만 전혀 그렇지 않았다. 고등학교를 졸업하면서 한 학생에게 수학을 가르치게 되었다. 첫 수업 날 학생을 보면서 고등학생 때의 내 모습이 떠올랐다. 학생은 문제를 꽤 빠르고 정확하게 풀었다. 내가 가르치는 내용 대부분을 이미 배웠거나 들어봤다고 했다. 그래서 궁금해졌다. 나도 책을 덮고 내가 받았던 똑같은 질문을 던져봤다.

"혹시 방정식의 정의가 뭔지 알아요?"

학생의 표정은, 뭐 이런 뜬금없는 걸 물어보냐는 표정이었다. 하지만 재차 문자 x가 들어가는 식이 아니냐고 기어들어 가는 목소리로 대답했다. 방정식은 x와 같은 변수가 포함된 등식에서, 이 x값, 변수값에 따라 참 거짓이 결정되는 식을 말한다. 이 내용을 설명하자 새삼 고등학교 그날 그 수업 그 교실로 돌아간 듯한 기분이 들었다. 방정식의 정의를 모른 채 얼마나 많은 학생들이 방정식의 해를 구하고 있을까? 분명 개념 위주로 기초를 탄탄히 하는 교육의 중요성은 끊임없이 강조되고 있지만, 실제로 그렇게 배우는 학생은 많지 않다.

그 뒤로 나는 가르치는 모든 학생에게 저 질문을 던지며 정의와 기초 개념의 중요성을 강조한다. 물론 그렇다고 해서 학생들이 정의의 중요성을 깨닫지는 않는다. 따라서 각 단원이 끝나고 나면, 나는 책을 덮고 단원의 주요 단어와 개념을 묻고, 대답하지 못하면 그 개념을 적어오는 숙제를 내곤 했다. 내가 가르치는 학생들만큼은 자신이 무엇을 배우고 있는지 알게 하고 싶었다.

누군가를 가르치면 정말 확실하게 그 내용을 이해하게 된다. 나는 수학을 가르치면서 내가 스쳐 지나갔던 수학의 개념을 다시 짚을 수 있었다. 제대로 이해하지 못한 내용을 가르칠 수 없기 때문이다. 수학 문제를 봤을 때 정확히 푸는 능력은 고등학교 때보다 부족하겠지만, 어떤 문제를 어떤 개념을 사용해 풀어야 하는지 파악하는 능력은 훨씬 좋아졌다고 생각한다. 때로 지금의 수학 실력으로 다시 고등학교로 돌아가면 전보다 더 잘하지 않을까 하는 생각이 들기도 한다. 물론 수학 문제를 풀기 위해 고등학교로 돌아가야 한다면 전혀 돌아가고 싶지 않다. 대신 '내가 이렇게 공부했다면 좋았을 걸' '미리 수학 개념 노트를 만들고 수학 교과서를 읽으며 공부했다면' 하는 아쉬움이 남는다. 그 아쉬움을 풀기 위해 더 많은 학생에게 내 공부 방법을 전하려 하고 있다.

물론 수학에 나오는 개념들의 정의를 안다고 해서 성적이 급격하게 올라가거나 못 풀던 문제를 풀게 되는 변화는 거의 일어나지 않는다. 문제를 풀 때 꼭 필요한 개념은 반복 학습을 하다보면 저절로 익혀진다. 그리고 수학 문제와 직접 연결되지 않는 정의를 알아가는 과정은 재미있지도 않다. 생각보다 수학에는 많은 개념이 등장하고, 대개 그 개념이 사람들에게 흥미롭지 않을 것이다. 사실 개념들을 대충만 알고 있어도 문제는 풀 수 있다. 문제를 잘 풀려면, 즉 성적을 올리려면, 쓸데없어 보이는 내용을 붙잡고 있기보다 하나라도 문제를 더 푸는 것이 좋다. 그러니 개념을 공부하는 것이 도대체 무슨 소용이 있을까 의심이 들 수 있다.

하지만 무언가를 배울 때, 그게 무엇인지 알고 배우는 것과 그것을 그저 할 수 있는 것의 차이는 크다. 나는 노력해서 잘하려고 하는 것, 혹은 누가 잘해야 한다고 강조하는 것이 최소한 무엇인지는 알아야 잘하는 의미가 있다고 생각한다. 나는 모든 내용을 처음 배울 때, 그것이 무엇이고 그걸 왜 배우는지 질문하는 사람이었다. 물론 순수한 호기심인 경우는 드물고, 삐딱한 시선으로 "도대체 이걸 제가 왜 배워야 하죠?"라고 묻는 학생이었다. 그 질문에 대해 내가 들은 대답은 보통 무시, 또는 "대학 가는 데 필요해"라는 말이었다. 하지만 지금 나는 수학이 과학의 언어라는 사실을 알고 있다. 수학적인 사고방식이 아주 여러 곳에서, 사실 거의 모든 곳에서 사용되고 있으며, 수학으로 표현할 수 있는 현상들은 셀 수도 없다. 때로는 고등학교 때 조금 더 열심히 수학 공부를 하지 않은 것을 후회하기도 한다.

⊠ 수학 개념 노트

우리나라에서 교육을 받으면 수학을 좋아하기 정말 어렵다는 생각이 든다. 수업에서 다루는 수학은 지나치게 어렵고, 그 내용에 대한 제대로 된 설명을 들을 기회는 지나치게 적다. 내가 이 내용을 생각할 기회나 시간은 주어지지 않고, 한 발짝 앞서 시작한 친구를 따라잡기에 바쁘다. 내 생각에는 수학이라는 과목 자체가 좋아하기 쉬운 과목은 아니다. 물론 간혹 수학 자체에 매력을 느껴 수학 공부를 좋아하는 사람도 있다. 하지만 나에게 수학이 좋았던 순간을 물어본다면 겨우겨우 기억을 뒤져서 수학 문제를 잘 풀어서 기뻤던 순간이나, 공부를 열심히 해서 수학 성적이 올랐던 순간이라고 답할 것 같다. 그렇지만 우리의 삶에서 수학을 떼어내기란 정말 어렵다. 수학을 완전히 제외하고 우리가 할 수 있는 일은 거의 없다. 나는 내가 하고 싶은 일을 수학 때문에 포기하고 싶지 않았다. 그래서 더더욱 수학을 포기하려는 학생들에게 수학 공부의 중요성을 강조하는 편이다.

과외, 학원, 멘토링에서 중·고등학교 학생들을 만나면 학생들에게 많이 받는 질문 중 하나가 바로 이거다. "어떻게 하면 (수학) 공부를 잘할 수 있을까요?" 학생들도 충분히 수학 공부의 중요성을 느끼고 있다. 할 수만 있다면 수학을 잘하고 싶지, 일부러 못하고 싶은 학생은 없다. 하지만 어떻게 공부해야 하는지 제대로 알기 어렵다. 나도 정말 다양한 공부 방법을 시도하고 실패하며 배워나가야 했던 과목이 수학이다.

다양한 공부 방법 가운데 한 가지가 앞서 말한 '수학 개념 노트'다. 개념을 정리하지 않고 문제를 풀면서도 익힐 수 있지만, 어느 순간 어려움에 맞닥뜨릴 것이다. 정확하지 않은 개념으로 문제를 풀면 백사장에서 모래성을 쌓는 것과 같다. 잘만 쌓으면 높고 튼튼하게 지을 수도 있다. 하지만 대부분의 성은 어느 정도 쌓고 나면 무너진다. 개념을 정리하는 일은 당장 내일 볼 시험에서 아무런 성과를 내지 못할 수 있다. 하지만 이런 노트들이 모이면 언젠가는 정확히 내가 무엇을 배우고 무엇을 배우지 않았는지 구분할 수 있다. 내가 헷갈려 하는 내용이 무엇이고, 어떤 개념이 문제 풀이나 실생활에 필요한지 알 수 있다. 기반을 다지기 위한 노트 한 권의 시도는 충분히 해볼 가치가 있다. 심지어 수학 개념 노트는 기억할 수학 개념 자체가 많지 않아 과학이나 사회 등의 암기 노트들보다 훨씬 얇다!

이 노트를 쓰려면 먼저 수학 교과서를 읽으면서 어떤 개념이 이 단원에서 중요하고, 그 개념이 무엇인지부터 알아야 한다. 수학 교과서를 정독하며 머릿속으로 정리한 다음, 노트에 옮겨 적으면 수학 개념 노트를 만들 수 있다. 문제를 풀어보기 전에 이렇게 개념을 탄탄히 다지면 꼭 외워야 하는 공식들도 더 빨리 기억할 수 있고, 어떤 유형의 문제가 나올지 예상해볼 수도 있다.

하지만 암기 노트를 맹신해 달달 외우기만 해서는 절대 안 된다. 수학은 앞서 말했듯 제2외국어와 같다. 자주 쓰고 익히는 것이 잘하기 위한 유일한 방법이다. 같은 문제를 많이 푸는 것도, 다양한 문제를 푸는 것도 모두 좋은 방법일 수 있다. 언어 과목은 노력한 만큼 티가 나는 과목이라고 생각한다. 꼼수를 써서 빠르게 잘하기도 어렵고, 특별한 지름길이 없을 수도 있다. 그러니 끊임없이 반복해 수학 문제를 풀며 자신에게 잘 맞는 공부 방법을 찾아야 한다.

☒ 역시 수학은 나와 맞지 않아, 하지만

사실 이 글을 읽고 수학 개념의 중요성을 새삼 깨닫는 사람은 거의 없을 것이다. 이미 알고 있거나, 아니면 굳이 알아야 할 필요성을 느끼지 못할 것이다. 하지만 수학에 대해 '도대체 이게 뭐길래 배워야 하는 걸까?'라는 회의감을 갖고 있는 중·고등학생이라면 한 번쯤 수학 개념 노트를 만들어보기를 추천한다. 적어도 내가 무엇을 싫어하는지, 무엇을 배우고 있는지는 정확히 안다면 좋지 않을까? 개념 노트로 수학에서 다루는 내용을 잘 알게 되어 수학에 관심이 생기거나 성적이 오르면 물론 더욱 좋다. 그리고 이미 수학에서 손을 뗐거나 떼고 싶은 나와 같은 사람들이라면, 이 글을 읽으며 '역시 수학은 나와 맞지 않아'라고 생각해도 충분하다.

그렇게 한 번의 수업으로 수학 공부에 대한 모든 관점이 뒤바뀌었지만, 여전히 나는 수학에 큰 관심이 없다. 싫어하지도 좋아하지도 않는다. 잘하지도 못하지도 않는다. 나는 전공 과제를 하며 수학을 사용하고, 주말이면 학원에서 학생들의 수학 문제를 풀어준다. 수학과 멀어지고 싶었지만, 멀리 떨어지지도 가깝지도 않은 그런 삶을 살아간다. 수학을 좋아하냐는 질문에, 언제 수학이 좋았냐는 질문에 답할 말을 찾아 고민하면서.

하지만 나는 방정식의 정의를 안다.

수학을 어떤 자세로 학습해야 할까?

전기및전자공학부 17 **송준기**

✕ 중학교 학생들과 내가 수학을 받아들이는 자세

수학 교육과정은 끊임없이 바뀐다. 교육과정 개정에 따라 몇몇 내용을 추가하기도 하고 학생들의 흥미를 떨어뜨리지 않으려고 어려운 수학 개념을 빼기도 한다. 하지만 매번 어떤 방법을 쓰든 수학을 좋아하는 학생이 크게 늘어나지는 않았다. 과연 무엇이 문제일까? 나는 초등학교, 중학교, 고등학교 학생들이 대학 입시를 위해 수학을 공부하려는 자세가 가장 큰 문제라고 생각한다.

이번 학기 나는 '삼성 드림클래스'에 참여하고 있다. 삼성 드림클래스는 사회적 소외 계층 중학생을 대상으로 하는 방과 후 학습 프로그램이다. 드림클래스에서 중학교 2학년 수학 강사로 참여하고 있다. 아이들은 매번 간단한 풀이도 어려워한다. 그럴 때마다 '내가 잘못 가르치고 있나?' '아이들의 이해력이 부족한가?' 이 두 가지 생각이 동시에 든다. 아이들에게 "수학 재밌어?"라고 물어보면 매번 "너무 어렵고 하기 싫어요"라는 대답이 돌아온다. 도대체 무엇이 문제일까? 매번 아이들에게 수학의 재미를 알려주고자 수업에 들어가지만 아이들의 반응이 좋지 않아 고민이 된다. 그래서 아이들에게 조금이라도 수학의 재미를 알려주는 것을 수업의 목표로 삼았다.

아이들은 어째서 수학을 재미 없고 어려운 과목으로 인식하고 있을까? 국제 학업 성취도 평가(Program for International Student Assessment)에서 실시하는 조사에 따르면, 한국은 전 세계에서 수학과 과학의 흥미도가 매우 낮은 국가에 속한다. 이런 결과를 생각하면 내가 가르치는 중학생 아이들의 반응이 전혀 이상하지 않다. 배우는 학생에게는 잘못이 없다. 단지 구조적인 문제 때문에 아이들이 수학에서 엇나가고 있는 것이다. 나는 어떻게 수학에 흥미를 갖게 되었고, 지금의 초등학생, 중학생들이 어떻게 수학을 받아들이면 좋을지 써보고자 한다.

카이스트에 입학했다고 하면 수학과 과학을 엄청 잘하는 천재라고 생각한다. 하지만 그런 편견이 부담된다. 처음부터 남들보다 월등히 잘하지 않았다. 천재란 남들에 비해 적은 시간을 투자하지만 성취도는 누구보다 뛰어난 사람이라고 생각한다. 실제로 그런 사람은 한 해에 100명 정도 태어나면 많이 태어난 것이라고 본다. 이 100명의 학생도 단지 머리가 똑똑해서가 아니라 선천적으로 엄청난 집중력을 발휘하기 때문에 높은 성취도를 얻는다. 그러면 100명을 제외한 학생들

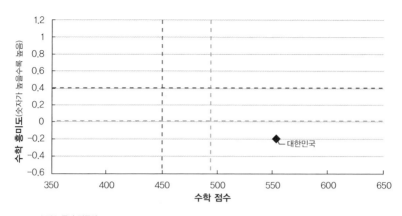

◆ 2012 OECD 국제 학업 성취도 평가에서 나타난 수학의 학업 성취도와 흥미도.
대한민국은 평균에 비해 성취도(수학 점수)는 높은 편이지만 흥미도는 매우 낮다.

은 다 똑같은 조건에서 경쟁하는 것이다. 일반적으로 영재 학교, 과학 고등학교에 다니는 학생들은 아인슈타인, 뉴턴에 버금가는 천재라고 생각하지만 실제로는 그렇지 않다. 그보다는 어떤 교육을 받았는지, 혹은 어떤 마음가짐인지에 따라 결과가 달라진다고 생각한다. 나는 과학고등학교를 조기 졸업한 카이스트 학생이다. 그러나 스스로 천재라고 생각하지 않는다. 단지 남들에 비해 더 많은 노력을 했을 뿐이다. 누구나 그렇듯 슬럼프도 자주 있었고, 힘들 때마다 잘 버텨내 결국 카이스트에 진학했다. 그렇다면 어떤 마음가짐으로 공부하고 힘든 시간을 버텨냈을까? 지금 생각해보면 사실 나의 공부 방법은 옳지 못하다고 생각한다. 그럼 어떤 방법으로 수학을 공부해야 할까?

여덟 살 때부터 수학 학습지를 시작했다. 왜 그런지 모르겠지만 정말 싫었다. 학습지 중간 부분을 뜯어버리거나 눈물을 머금고 꾸역꾸역 사칙연산을 했던 것 같다. 학습지의 상태를 보면 중간에는 어딘가 뜯겨 나가 휑했고 눈물 자국만 선명하게 남아 있었다. 그렇게 두 달 정도 학습지를 풀었고 어느 순간 숙련된 내 모습을 보며 스스로 뿌듯해한 기억도 난다.

돌이켜보면 엄청 무식한 공부 방법이었던 것 같다. 가장 이상적인 방법은 먼저 사칙연산에 흥미를 갖게 한 뒤 학생 스스로 능동적인 학습을 하도록 유도하는 것이다. 하지만 나는 이유 모를 오기로 학습지를 풀었다. 습관적으로 매번 이 악물고 싫은 숙제를 해나갔다. 한 과정이 끝나고 보는 시험에서 결과가 좋게 나오면 그동안의 끈기와 노력을 보상받은 듯해 기분이 매우 좋았다. 그래서인지 수학 공부를 열심히 했다. 결과적으로는 좋은 고등학교와 대학교에 진학했기 때문에 성공한 공부법처럼 보일 수 있다. 하지만 지금 생각해보면 옳지 못한 방법이라 아찔하다. 만약 끈기가 없었다면 포기했을 것이고, 지금의 대학에도 진학하지 못했을 것이다. 내 인생에서 이 시기가 수학을 공부하다 마주한 첫 번째 위기였다. 다행히 오기와 끈기로 학습지를 풀었고, 그다음 단계의 학습을 하는 데 큰 도움이 되었다.

우리 집 주변에는 제법 큰 평촌 학원가가 자리하고 있다. 그래서 인근에 공부 좀 한다는 아이들은 이 학원가로 모인다. 초등학교 4학년 때 어머니는 나를 공부 잘하는 그룹에 넣고 싶어 평촌 학원가에 보냈다. 처음에 부모님은 나를 수학 학원과 영어 학원에 등록시켰다. 부모님은 내가 최소한 두 과목 중 하나에는 흥미가 있을 거라고 기대했다. 둘 중 좀 더 두각을 보이는 과목을 집중 육성할 계획이었다. 내가 들어가려는 수학 학원은 규모가 커서 반이 엄청 많았고 들어가기 전에 레벨 테스트를 봐야 했다. 나는 선행 학습을 하지 않아 높은 레벨의 반에 들어가지 못했다. 지금 생각해보면 부모님이 서운했을지도 모르겠다.

학원은 화·목·토반과 월·수·금반이 있었는데, 영어 학원 일정으로 화·목·토반만 등록할 수 있었다. 그때 나는 주말에도 공부해야 하는 상황을 이해할 수 없었다. 등록하기 전에 다니기 싫어 떼를 쓴 기억도 난다. 우여곡절 끝에 부모님은 두 달만 다녀보고 결정하라고 했다. 내가 다닌 학원은 두 달간 한 학기 분량의 수학을 끝낸 뒤 시험을 보고 결과가 좋은 학생은 레벨이 높은 반으로 올려주었다. 매번 일정 분량의 과제를 내주는데 학습지를 처음 했을 때와 마찬가지로 오기로 숙제를 했다. 어린 내가 무엇 때문에 참아가며 숙제를 했는지 모르겠지만 매번 모든 숙제를 해결하고 수업에 참여했다.

그런 노력이 쌓여 남들보다 앞서가는 학생이 되었다. 두 달 이후에는 시험에서 1등을 할 수 있었고 '레벨 업'을 했다. 스스로 뿌듯해 부모님에게 학원을 계속 다닌다고 했고, 그 이후로 항상 '레벨 업'을 해 초등학교를 졸업할 때는 가장 높은 반에 속했다. 처음 학원을 등록했을 때 두 달을 버틴 바람에 좋은 결과를 얻을 수 있었다. 이때가 두 번째 위기였다. 두 달간 버텨 결과적으로 수학 실력이 향상되는 기쁨을 맛보았다. 만약 이때 포기했다면 지금의 결과를 결코 얻지 못했을 것이다.

세 번째 위기는 중학교 2학년 때 찾아왔다. 두 번째 위기 이후 올림피아드를 준비하며 수학 실력을 나날이 향상시켰다. 이때가 가장 큰 위기였다. 1학기 초반에 영재 학교 입학을 준비하고자 학원을 옮겼는데, 새로운 학원에는 일요일에도 수업이 있었다. 일요일 수업 시간은 오후 1시부터 5시까지였다. 일요일은 정말 쉬고 싶었다. 월, 화, 수, 목, 금, 토요일 내내 학원을 다니면서 피로는 극대화되어 일요일은 정말 쉬고 싶었다. 하지만 새로운 학원에서는 더더욱 쉬지 못해 학원을 그만 다니고 싶었다. 게다가 왜 과학고, 영재고를 가야 하는지 알지도 못했다. 목표 의식도 분명하지 않았기 때문에 학원을 더욱 가기 싫다고 했고 고집을 부리며 실제로 가지 않았다.

하지만 내 고집은 결국 부모님 앞에서 접을 수밖에 없었다. 그 이후로는 성실히 학원에 다녔고 공부도 열심히 했다. 그때 내가 다시 학원을 다닌 결정적인 이유는 단순히 영어 학원에 가기 싫었기 때문이다. 나에게 영어는 그저 너무 어렵고 외워야 할 게 많은 과목이었다. 더군다나 오랫동안 수학, 과학 학원을 다니며 영어 공부를 잠시 놓았기에 더더욱 영어 공부를 하고 싶지 않았다. 이런 사소한 이유로 수학 공부를 놓지 않았고 고등학교 입시까지 별 문제 없이 공부에 매진할 수 있었다. 그리고 과학고 입시에 성공했다.

고등학교는 중학교와 다르게 자기 주도 학습의 비중이 높아졌다. 오랫동안 학원을 다녔기에 자기 주도 학습이 익숙하지 않았다. 하지만 고등학교 때 기숙사 생활을 하며 더 이상 학원을 다닐 수 없어 혼자서 공부하는 습관을 키워야 했다. 자기 주도 학습에 익숙해지는 데 꽤 오랜 시간이 걸렸다. 더군다나 수학이 모든 교과목 가운데 가장 큰 비중을 차지해 시험을 칠 때마다 부담이 되었다. 어느 순간부터는 수학 공부를 재미있어서 한다기보다 성적 때문에 한다는 느낌이 강했다. 입시를 위한 학습이 큰 스트레스로 다가왔다. 하지만 벼랑 끝에 서면 사람이 무슨 일이라도 하게 되듯 대학을 잘 가고 싶다는 목표 의식 하나로 공부했던 것 같다.

고등학교에서는 학생들의 수학적 흥미를 돋우기 위해 다양한 주제로 발표 수업도 하고 많은 활동을 진행하였지만, 근본적으로 그 바탕에는 성적이 있기 때문에 맘 편히 즐기지 못했다. 지금은 그 순간들이 매우 후회스럽다. 고등학교를 자퇴하지 않는 이상 그 순간들을 피할 수 없다. 피할 수 없으면 즐기라는 말이 있듯이, 그 시간을 즐기지 못한 내가 후회된다. 주변의 한 친구는 말 그대로 수학을 즐겼다. 선생님이 새롭게 알려주는 내용을 매번 즐거워했고 능동적으로 지식을 받아들였다. 그 덕분인지 친구는 항상 수학 과목에서 1등이었다. 어느 누구도 그 친구보다 즐기지 못했고 성적이 더 뛰어난 친구도 없었다. 왜 그때는 즐기지 못했을까? 즐기지 못한 내가 아쉽고 안타깝다. 다시 돌아간다면 더 적극적으로 공부할 수 있을 텐데. 위기를 슬기롭게 이겨내지 못한 것 같다. 좀 더 즐기는 방향으로 받아들였다면 좀 더 재밌게 공부할 수 있지 않았을까.

☒ 수학을 공부하는 좋은 마음가짐

누군가는 "수학은 배워도 쓸모없는 학문 아닌가요?"라고 말한다. 의식주를 해결하는 데 단순히 사칙연산만 필요하다면 수학은 쓸모없는 학문일 수 있다. 그러면 "수학을 배울 필요가 없는 것 아닌가요?"라고 물을 것이다. 물론 나는 그렇지 않다고 생각한다. 수학은 사고력을 가장 쉽게 길러주는 학문이다. 수학을 통해 논리적으로 생각하는 방법을 기를 수 있다. 그래서 수학을 배우는 것이라 생각한다. 많은 초등학생, 중학생들이 수학을 성적을 위한 과목으로 인식해 접근하는 것조차 어려워한다. 그리고 어렵다는 편견에 휩싸여 쉬운 지식도 받아들이지 못하고 큰 벽만 만들고 있다. 이제는 그런 편견을 버리고 능동적인 자세로 학습해야 한다. 생각보다 우리 주변에서 수학적 지식이 많이 사용된다. 그러나 시야가 좁으면 보지 못하듯 수학을 모르면 그 사실이 보이지 않는다.

무엇이든 즐기는 사람을 이길 수 있는 사람은 없다고 했다. 수학도 마찬가지이다. 능동적이고 즐겁게 학습하는 학생을 입시 위주로 공부하는 학생이 이길 수는 없다. 입시를 위해 공부하는 학생의 점수가 당장 앞설지는 몰라도 전체적인 성취도는 그렇지 않다. 하지만 안타깝게도 어렸을 때는 이 사실을 알지 못한다. 나도 마찬가지였다. 초등학교, 중학교 때 수동적으로 수학 공부를 한 탓에 마음으로는 즐겨야겠다고 생각하지만 실제로는 즐길 방법을 알지 못한다. 하지만 지금 초등학교, 중학교 학생이라면 늦지 않았다. 성적에 연연하지 말고 즐기는 공부를 하자. 고등학교에서 분명히 좋은 성과를 얻을 수 있다.

대한민국에서 대학교를 가고자 하는 대부분의 중·고등학생들은 성취도나 흥미보다는 성적에 더 신경을 쓴다. 나도 다르지 않았다. 하지만 성적에만 연연하는 공부는 부질없는 짓이다. 성적을 위한 공부는 자기의 피와 살이 되지 않고 시험이 끝나면 모두 잊어버리기 때문이다. 초등학교, 중학교, 고등학교 10여 년 동안 성적을 위한 공부를 했으니 좋은 대학교에는 올 수 있었다. 그러나 그 시간에 수학의 흥미를 느끼지 못했고 즐기는 방법도 터득하지 못했다. 그래서 요즘 수학 공부를 하다보면 금방 지치고 지식이 효율적으로 쌓이지 않는 기분이 든다. 어린 시절에는 수학이 무엇인지 알고, 나아가 재미있는 학문이라는 사실을 아는 공부를 해야 한다. 단지 성적이 안 나온다고 수학의 흥미를 잃어서도 안 된다. 나도 주입식으로 수학을 배우고 성적 때문에 공부했지만 이런 식의 공부는 세상에서 가장 쓸모없는 교육일 뿐이라 생각한다.

우리는 앞으로 평생을 공부하며 살아야 한다. 초등학교, 중학교, 고등학교 때는 평생 공부를 하기 위한 흥미를 찾는 시기여야 한다. 남이

나보다 점수가 더 높다고 조급할 필요가 없다. 수학이라는 학문을 열린 자세로 학습하면서 그 안에서 흥미를 찾아내는 것이 무엇보다 가장 중요한 일이다.

수학 하면서 어깨 깡패 되기

전기및전자공학부 14 **박동주**

최근 통계자료에 따르면, '수포자'의 비율이 초등학교 36.5%, 중학교 46.2%, 고등학교에서는 무려 59.7%로 많은 학생이 교육과정을 이수하면서 수학을 포기한다. 왜 이렇게 많은 학생이 수학을 포기하는 걸까? 일각에서는 그 이유를 수학 교육과정의 문제, 수학 교사의 믿음과 전문성의 부족이라고 지적한다. 하지만 나는 가장 큰 이유가 학생들의 수학에 대한 관심 부족과 습관화되지 않은 수학 공부 방법이라고 생각한다. 대부분의 수포자 학생들은 수학이 어려워지고 자신이 푼 수학 문제가 틀릴 때마다 수학에 관심이 낮아진다. 수학 공부보다는 다른 과목 공부를 선택하게 되고, 그러면서 수학은 점점 더 어려워지는 악순환에 빠진다. 이러한 악순환에서 벗어나고자 고액 과외, 인터

◆수학 공부는 운동을 하는 것과 비슷하다.

넷 강의, 컨설팅 등 여러 방법을 동원해보아도 수학은 계속 어렵기만
하다.

　도대체 어떻게 수학을 포기하지 않고 잘할 수 있을까? 필자가 사용
한 방법을 말하자면, 자신의 수학 공부 상황을 정확히 진단하여 치료
법을 만들어야 한다. 수학을 공부할 때, 내가 지금 어떤 상황에 있는
지, 왜 이 부분을 공부하는지, 이 부분을 얼마만큼 이해했는지 등을 파
악하면서 공부해야 한다. 하지만 수학에 익숙하지 않은 학생들이 받
아들이기에 매우 힘든 방법이다. 그래서 비슷한 점이 많은 '운동으로
몸 만들기'라는 일상의 예를 들어 효율적인 수학 공부 방법을 소개해
보고자 한다.

첫 번째 공부 방법은 '수학 공부를 시작하는 것'이다. 여기서 말하는 시작은 단순히 수학책을 펴거나 문제를 푸는 것을 말하지 않는다. 숙제나 과제가 아니라 수학 공부가 필요하다고 생각해 시작하는 것을 의미한다. 운동을 예로 들어보면, 대부분 새해 목표로 다이어트와 운동 계획을 세운 경험이 있을 것이다. 하지만 대다수 계획은 오래 가지 않고 실패한다. 실패의 큰 이유 중 하나는 시작조차 하지 않았다는 것이다. 막상 운동을 처음 하려고 보면 어떤 운동을 해야 할지, 얼마만큼 해야 할지, 내가 운동을 하면 다른 사람들은 어떻게 생각할지 등 다양한 생각들로 두려워한다. 이러한 걱정만 계속하다보면 운동은 시작조차 할 수 없다.

이를 해결하려면 우선 할 수 있는 가장 기본적인 운동인 스트레칭이나 달리기, 걷기와 같은 운동부터 해나가면 된다. 매일매일 헬스장을 나가는 것도 한 가지 방법이 될 수 있다. 이렇게 운동을 시작하면 걷기와 같은 기본적인 운동 다음으로 색다른 운동 방법을 찾아보게 된다. 헬스장에 나가서는 트레이너에게 물어보면서 점점 운동에 관심을 가질 수도 있다. 마찬가지로 수학 공부도 일단 시작하면 '내가 이 문제에서 어떤 방식으로 풀어야 할지' '어떤 문제집을 사용하는 게 좋을지'와 같이 여러 방법을 생각하게 되고, 그저 막연하게 싫었던 수학에 관심이 생겨난다.

하지만 이 과정에서 가장 중요한 점은 '스스로' 시작해야 한다는 사실이다. 누군가가 시켜서 하거나, 불가피한 상황 때문에 운동이나 공부를 시작하면 금방 싫증이 난다. 그리고 외부의 영향이 주어지지 않을 때는 다시 운동이나 공부를 전혀 하지 않는 상태로 되돌아가기도 한다. 한 가지 예로 P.T(Personal Training)의 부작용을 들 수 있다. 운동하면서 P.T를 받는 사람의 목적은 자세 교정, 시간 절약 등 다양할 수 있다. 하지만 설문 조사 자료에 따르면, 스스로 운동하지 않고 P.T로 시작한 사람들의 80%는 P.T 시간을 제외하고는 따로 운동해본 경험이 없다고 대답했다. 나도 처음 운동하기로 마음먹었을 때, 빨리 목표에 도달하고자 무작정 P.T를 신청했다. 그리고 P.T를 받고 나면 몸도 피곤했고, '이번 주의 목표 운동량은 다 채웠다'라는 생각 때문에 따로 운동을 챙겨서 하지 않았다. 이렇게 운동한 결과 몸의 외형에는 큰 변화가 오지 않았다. 나중에 운동을 제대로 하면서 느꼈지만 P.T를 받는 것보다 스스로 운동에 관심을 갖고 여러 방법을 찾으면서 하는 것이 결과적으로 더 좋았다고 생각한다. 이와 비슷하게 수학 공부도 학교나 학원에서 하는 수업이라는 외부적인 상황이나 어쩔 수 없이 해야 하는 숙제로 시작하는 것보다, 자신이 필요하다고 생각할 때 시작하는 것이 결국에는 수학 실력 향상에 도움이 된다.

☒ 계획은 현실적으로, 실행은 비현실적으로

시작만 했다고 모든 것이 다 이루어지지는 않는다. '실현 가능한 계획'

을 세우는 것도 필요하다. 내가 학원에서 아르바이트를 했을 때 겪은 일이다. 대부분의 학생은 방학 중에 수학 공부를 계획할 때 자신에게 맞추어 계획을 세우지 않는다. 인터넷에서 본 공부법을 똑같이 베끼던지, 일주일간 풀어야 할 수학 문제 개수를 주변 친구들과 비슷하게 설정하는 식으로 계획한다. 이렇게 세운 계획을 제대로 실천하지 못하고는 결국 나에게 와서 '자신은 수학적 머리가 없나보다'라고 고민을 털어놓는다. 그럴 때마다 인터넷에 돌아다니는 '1월 1일의 헬스장 사진, 1월 2일의 헬스장 사진'을 보여주며 설명했다. 많은 사람이 연초에 계획을 많이 세우는데, 그중 대다수는 다이어트나 운동 계획이다. 계획을 세운 사람들은 앞에서도 말했다시피 시작의 중요성을 깨닫고, 이불을 박찬 뒤 헬스장으로 달려가 당당하게 회원권을 결제한다. 결제한 당일에는 마침 헬스장에 왔기 때문에 체성분도 검사하고 트레이너에게 질문도 하면서 열심히 운동하고 집으로 돌아간다. 그런데 다음 날에는 어제 결제했던 대부분의 사람을 헬스장에서 볼 수 없다. 이처럼 사람들이 다음 날 헬스장에 나오지 않는 여러 가지 이유가 있다. 갑자기 무리한 운동으로 몸살이 앓거나 갑자기 중요한 일정이 생겨 헬스장에 갈 수 없다.

공부나 운동을 지속하는 데 문제가 생긴 공통적인 이유는 '실현 가능한 계획'을 세우지 않았다는 점이다. 계획을 세우기 전에 사람들은 자신의 능력이나 상황이 어떤지 전혀 고려하지 않는 경향이 있다. 이렇게 세워진 계획은 실패로 연결되고 나아가 자신감 하락과 포기라는 결과로 이어진다. 따라서 수학 공부를 계획할 때는 우선 자신의 능력이 어느 수준에 있는지 파악할 필요가 있다. 한 가지 방법으로, 먼저 어떤 문제집을 정하고 무작정 30분간 푼다. 그리고 푼 문제 수를 체크하고 그 양을 바탕으로 계획을 세운다. 내가 사용한 방법 중 자신의 수준을 판단하는 데 가장 효과적인 방법이다. 이렇게 세운 계획을 완료한 뒤, 다시 이 방법대로 자신의 기준치를 새로 설정해 계획을 세우고 실현해나간다면, 수학 공부에 대한 두려움이 점점 자신감으로 바뀔 것이다.

계획을 세우고 실천하는 데까지 성공했다면, 이제는 본격적으로 어떤 근육을 어떻게 운동할지 결정해야 한다. 몸을 만들기 위해 운동할 때는 보통 큰 근육을 중심적으로 발달시킨 후, 파생 근육(작은 근육)을 쓰는 순서로 운동을 계획한다. 단지 어깨만 늘리고 싶은 목적을 가지고 있더라도 먼저 전체적인 큰 근육인 등과 가슴 운동부터 시작해야한다. 그런 다음 전반적인 어깨 근육을 사용하는데, 이때 세밀하게 전면, 후면, 측면 어깨 근육을 운동한다. 여기서 끝나지 않고, 그 주변 근육인 흉근(가슴 근육), 팔 근육도 단련해야 우리가 원하는 넓은 어깨를 얻을 수 있다.

이러한 방법이 수학 공부에도 적용된다. 수학 문제를 풀기 위해 바로 문제지를 펴기보다 공부하고자 하는 분야의 대단원부터 공부해야한다. 예를 들어, 고차 방정식의 활용 문제를 풀기 위해 공부하고자 한다면, 먼저 가장 큰 근육에 해당하는 방정식이라는 개념을 먼저 이해해야 한다. 그리고 일차 방정식, 이차 방정식이라는 작은 근육을 연습하고 함수와 이차 함수, 다항 함수라는 주변 근육도 연습하고 나면, 드디어 고차 방정식 문제를 풀 수 있는 능력을 갖추게 된다. 이렇게 문제의 분야를 단원별로 파생시키며 공부하는 방법은 대부분 수학 교재나 컨설턴트들이 말하는 방법과 크게 다르지 않다.

하지만 나는 여기서 운동하는 부분의 순서와 함께 어떻게 해야 하는지 '계획'하는 것을 강조하고 있다. 근육 운동을 할 때 개인마다 가장 효과적인 횟수와 반복 방법이 있다. 예를 들어, 어깨 운동을 할 때 운동마다 한 세트에 12회씩 3세트를 한다든지, 한 사이클을 기준으로 모든 운동을 한 번 다한 뒤 다시 이 운동 사이클을 반복하는 방법도 있다. 이러한 방법 중 지치지 않고 오래 할 수 있는 방법을 택해 운동을 진행하는 것이 몸을 만드는 데 가장 도움이 된다. 이렇듯 수학 공부도 자신에게 맞는 문제 풀이 방법을 선택해야 효율이 배가 된다. 시중에 나와 있는 대부분의 문제집은 그저 유형별로 많은 문제를 연습하는 방식으로 만들어져 있다. 하지만 이런 방식이 맞지 않는 학생도 있다. 내가 그런 부류에 속했는데, 문제를 풀 때 한 유형에 집중하다 보면 쉽게 지루해지거나 집중이 잘되지 않았다. 그래서 어떤 개념을 공부하고 나면, 그 개념과 관련된 유형별 문제를 한 문제씩만 풀고 넘어가고 다시 앞으로 돌아와 푸는 방식을 택했다. 모든 개념을 한 번에 점검하는 방식은 수학 모의고사와 비슷해 고등학교에서 중요시하는 모의고사 성적도 쉽게 잡을 수 있었다. 따라서 수학 개념을 확장해나가는 방법과 자신에게 맞는 문제 풀이 방식을 선택하는 것이 수학 공부의 효율을 높이는 데 중요한 역할을 한다.

⊠ 수학 문제=닭 가슴살?

마지막으로 중요한 점은 새로운 개념을 배우거나 문제를 틀렸을 때, '바로 복습'하는 것이다. 운동에서는 '영양소 공급'과 같다. 운동을 한다고 했을 때 보편적으로 얼마나 운동했는지, 올바른 자세로 했는지 등이 중요하다고 생각하기 쉽다. 하지만 미국 건강보건협회에서 나온 자료에 따르면, 근육 생성 관련 논문 100편 중 영양소 공급을 다룬 논문만 95편에 달할 정도로 영양소 공급이 몸을 만드는 데 중요한 역할을 한다. 영양소 공급은 운동하고 난 뒤, 빠른 시간 안에 이루어져야 한다. 영국의 한 대학에서 신체 조건이 비슷한 성인 남성 30명을 대상으로 운동하지 않고 영양소만 섭취한 집단, 운동하고 일정 시간이 지난 뒤 영양소를 섭취한 집단, 운동하고 일정 시간 내에 영양소를 섭취한 집단, 이렇게 세 개의 군으로 나누어 약 6개월간 실험을 진행했다. 예상과 달리 실험 결과는 운동하고 난 뒤 영양소를 바로 섭취하지 않은 집단의 근육량이 가장 많이 감소했고, 운동하지 않고 영양소만 잘 섭취하였던 집단이 그다음으로 근육량이 감소했다. 운동하고 바로 영양소를 섭취한 집단의 대부분은 기존보다 근육량이 상승했다. 이렇듯 운동하고 적절한 영양소 공급이 안 될 경우, 오히려 운동하지 않은 것보다 좋지 않은 결과를 초래할 수 있다.

이와 비슷하게 심리학 분야에서 사용되는 망각곡선(forgetting curve) 이론을 이용해 수학 공부에서 '복습'의 중요성을 강조할 수 있다. 망각곡선 이론에 따르면, 새로운 기억이 들어왔을 때 기억을 유지하려는 시도(복습)가 들어오는 데까지 걸리는 시간이 오래 걸릴수록 손실되는 정도의 크기가 증가한다. 공부를 하고 나서 일정 시간 내에 영양소 공급 과정인 '복습'이 이루어지지 않으면, 앞의 과정들이 무용지물이 되어버린다는 말이다. 운동에서는 '영양소 공급'의 문제점을 해소하기 위해 단백질을 가루나 알약으로 만들어 휴대성과 편리성을 높인다. 공부에서도 복습을 바로 할 수 없는 여러 문제점이 있는데, 이를 어떻게 해결해야 할까? 가장 큰 문제는 수업이 끝나고 대부분의 학생은 친구들과 어울려 매점을 가거나 화장실을 가야 한다는 것이다. 이때 복습에 필요한 책을 들고 다닐 수는 없고, 수업 내용을 전부 외워 머릿속에서 다시 생각하기는 더더욱 어렵다. 내가 사용한 방법인 포스트잇을 활용하면 앞서 말한 문제를 쉽게 해결할 수 있다. 수업이 끝난 뒤나 끝나기 직전 1분 동안 중요하다고 생각하는 개념과 공식을 포스트잇에 옮겨 적는다. 그리고 화장실이나 매점을 가게 되면 적어놓은 포스트잇을 들고 가면서 '바로 복습' 과정을 진행한다. 이때 수첩을 사용해도 되지만, 포스트잇보다 무거우므로 휴대성이 떨어지고 잃어버리기도 쉽다. 그래서 포스트잇을 권장한다. 이 포스트잇을 모아놓으면 시험 기간에 책을 펼쳐가며 요약을 따로 할 필요가 없기 때문에 시간도 절약할 수 있다.

⊠ 나에게 어울리는 걸음 찾기

최근 과도한 입시 경쟁 속에서 수학이라는 과목에 지친 학생들이 많아졌다. 이러한 학생들이 수학에 거부감 없이 다가갈 수 있도록 일상생활 속 운동과 연결해 수학 공부 방법을 소개해보았다. 다시 정리하자면, 우선 공부와 운동 둘 다 '스스로' 시작해 관심을 키워야 한다. 그런 다음 자신의 수준에 맞는 계획을 세워 꾸준히 실천해나가면서, 자신에게 맞는 공부와 운동 방식을 만들어야 한다. 여기서 끝이 아니다. 공부는 빠른 복습을 통해, 운동은 '영양소 공급'을 통해, 그동안 노력한 것을 까먹지 않아야 한다.

그런데 이 방법도 맞지 않는 학생들이 있을지 모른다. 그렇다면 좌절하지 말고, 앞서 언급한 방법을 입맛에 맞추어 조금씩 변경해 자신에게 맞는 방법을 찾아가면 된다. 수학 공부나 운동에서 원하는 목표에 빨리 도달하는 길은 분명 존재한다. 하지만 길은 개인마다 모양이 다르다. 나는 자신의 길을 찾는 것이, 많은 사람이 주장하는 꾸준한 노력보다 중요하다고 생각한다. 그래서 여러 방법을 통해 자신만의 지름길을 찾는다면, 언젠가는 '어깨 깡패(어깨가 넓은 사람)'와 '수학 깡패(수학을 잘하는 사람)'로 불릴 날이 올 것이다.

수학과에서 살아남기

수리과학과 15 **정의현**

⊠ 수학과 학생이 과제를 하는 방법

언제부터 여기 있었을까 궁금해지는 낡은 책상 위에 전공 서적을 펼쳐놓고 가만히 앉아 문제를 빤히 쳐다보는 5분. 제대로 이해했는지도 모르겠지만, 문제를 읽으면서 떠오른 이상한 그림과 누가 봐도 말이 안 되는 수식을 누런 연습장에 끄적거리며 15분. 이대로는 도저히 안 되겠다 싶어서 부랴부랴 노트북을 열어 전원을 누르고, 인터넷 검색창에 문제를 검색해 찾아보는 20분. 수십 번의 클릭을 통해 얻은 것을 통해 생각을 다시 정리하는 20분. 무려 60분이라는 긴 시간을 사용했으나, 문제 풀이가 적혀 있어야 할 A4 용지는 한 점의 얼룩 없이 깔끔해 안 그래도 밝은 흰색에 저 하얀 형광등 빛을 반사하여 아름답기까지 하다.

깨끗한 흰색과 대비되는 나의 연습장에는 그 누구도 알아볼 수 없는 외계인의 낙서가 그려져 있어 쳐다보기도 싫은 검은색. 이 더러운 검은색 연습장을 한 번, 두 번 넘기다보면 정말 운 좋게 생긴 진척에 한 줄. 어렵게 얻은 한 줄 한 줄을 모아서 드디어 완성한 하나의 풀이. 아아, 영롱했던 순백의 종이를 망치는 흑연 가루의 모임은 형광등의 빛을 흡수했는지 따끈따끈하다. 갓 나온 뜨끈한 군고구마를 기다리는 손님에게 팔고 빨리 집에 돌아가고 싶지만, 과제 답안지의 첫 문장을 시작하는 번호는 숫자 1, 아직 아홉 개의 군고구마를 더 구워야 한다.

과제를 대하는 열정으로 불타는 숯불 속에서 다섯 번째 군고구마를 막 꺼내려던 찰나 이상한 기척을 느끼고 황급히 창문 밖을 바라보았다. 어둑하고 뿌연 모습을 그저 넋 놓고 쳐다보던 그 순간, 방 안 가득 메우던 하얀 형광등 빛 사이로 누군가 들어온다. 기분 나쁜 푸르스름한 분위기를 풍기는 그의 어깨 위에 올라가 있는 건 뭐지? 꼭 새처럼 생겼다. 잘못 보았나 싶었으나 아니나 다를까, 나에게 점점 다가오는 것의 정체를 확인할 수 있었다. 그토록 우리 방에 들이기 싫었던 손님, 아침이다. 힘차게 지저귀는 저 새(朝)의 울음소리는 마치 나를 비웃는 것 같아 너무 얄밉다. 이런, 반갑지 않은 손님을 맞이하느라 하마터면 이 뜨거운 군고구마에 손을 델 뻔했다. 주문이 다섯 개나 밀렸는데, 남은 고구마는 언제 구울 수 있을까. 기다리는 손님에게 양해를 구하고 집으로 돌아갈까 생각하다가, 이내 정신을 부여잡고 힘들었던 한 시간의 끄적거림을 반복한다. 과제 제출 기한 전까지는 군고구마가 다 구워지기를 바라면서.

⊠ 수학과 생활이 힘들었던 이유

대학생이라면 누구나 과제 때문에 밤을 새워본 기억이 있을 것이다. 꿈에 그리던 수학과를 들어가 마냥 좋던 새내기 시절을 벗어나 전공과목을 수강하면서, 나 역시 처음으로 과제를 하느라 밤을 지새웠다. 하지만 밤새워 과제 하느라 수학과 생활이 힘들었다고 생각하지 않는다. 수학과 학생 전체가 과제 하느라 밤을 새우는 것도 아니고, 수학과 학생들만 과제에 치여 사는 것도 아니다. 다만 나를 힘들게 했던 것은 매 순간 마주치는 당황스러움이었다.

처음 전공과목을 들었을 때는 그저 재미와 놀라움으로 가득 찬 황홀한 길을 걸을 수 있으리라 생각했다. 그러나 그 길의 본 모습은 수없이 헤맬 수밖에 없는 미로였고, 그 사실을 깨닫기까지는 그리 오래 걸리지 않았다. 특히, 막다른 길을 마주할 때의 당혹감은 너무나도 커서, 비상구가 있다면 그곳으로 빨리 나가고 싶었다. 하지만 이 미로는 어린이를 위한 테마파크가 아니었으므로 언제든지 포기할 수 있는 탈출구 따위는 없었다. 나는 막다른 길 앞에 주저앉아 엄마를 잃어버린 아이처럼 울 수밖에 없었다. 누군가 내 울음소리를 듣고 찾아와 손을 잡아주었으면 했지만, 너무 작게 울었는지, 아니면 미로가 너무 복잡했는지 아무도 나에게 오지 않았다. 결국, 나는 무릎을 탈탈 털고 처음 시작했던 그곳으로 돌아가 다시 길을 걷기를 반복할 수밖에 없었다.

수학과에서 무엇을 배우는지 모른다거나, 설령 무엇을 배우는지 알아도 어떻게 공부해야 하는지 모른다면 누구나 위험한 미로 속에서 헤매게 된다. 그때 나는 공부하는 방법을 제대로 몰라 미로 안에서 헤맸다고 생각했다. 하지만 지금에 와서 당시 내 상황을 하나하나 되짚어본 결과, 나는 멋쩍게 웃으며 첫 번째 항목 '수학과에서 무엇을 배우는지 모른다'에도 체크를 할 수밖에 없었다. 꽤 오래전부터 수학과를 지망했었기에, 고등학교에 다닐 때는 수학과에 진학하면 무엇을 배우는지 관심이 많았다. 조금이라도 대학 수학을 맛보고 싶어 전공서적을 붙들고 있기에는 한참 모자라는 수학적 역량을 무시한 채 버거운 책들을 읽어나갔다. 그렇게 고등학교를 졸업한 뒤 이곳 카이스트에 입학했고, 고등학생 때의 경험을 핑계로 수학과 전공과목에 대해 아는 척했다. 한 줄 한 줄 넘어가는 것조차 제대로 되지 않았던 독서 활동이었으니, 책이 소개하고 있는 개념을 이해했을 리 없다. 그저 과목의 키워드가 될 만한 것들만 몇 개 주워듣고는, 마치 다 아는 것처럼 콧대를 세우고 있었을 뿐이다. 결국 수업 시간에 악영향을 미치고 말았다.

수업 시간에 교수님은 칠판에 어떤 식을 적고는 해당 식이 등장하게 된 역사적 배경과 그 식이 수학적으로 어떤 내용을 뜻하는지 설명했다. 그러나 콧대 높은 사나이는 교수님의 중요한 첨언을 귀 기울여

들었을까. 시험 범위에 들어가는지 확인하며 해당 식을 노트에 받아 적기만 했다. 그렇게 하루하루를 보내다가 시험 기간이 왔고, 공부할 때 중요한 역할을 할 교수님의 말씀을 하나도 기억하지 못한 채 멍하니 노트를 바라볼 뿐이었다. 어쩔 수 없이 나는 노트에 적었던 식을 무식하게 암기하는 방법을 선택했다. 앞으로 나아가려면 정면으로 힘을 주고 그 방향을 향해 시간을 들여야 한다. 만약 앞으로 가고 싶은 사람이 옆으로 힘을 준다면, 그 사람은 원하는 방향으로 나아갈 수 없다. 그러니 완벽하게 반대 방향으로 힘을 줬던 나는 앞으로 나아갈 수 있었을까. 정말로 무식하게 열심히 공부했던 2학년 봄 학기였지만, 결과는 뜻대로 따라주지 않았다.

☒ 진로에 대한 고민

바라는 결과를 얻지 못한 나에게 '에이, 그거 학점 좀 안 나오면 어때? 열심히 공부했으면 된 거야' 하고 말해주고 싶었다. 하지만 나는 세상에서 제일가는 겁쟁이로, 수학과에서 매 학기를 그렇게 자위하며 넘긴다면, 수학과를 졸업해 무엇을 할 수 있을지 너무나도 걱정되었다. 난 분명히 수학이 좋아서 수학과에 왔다. 하지만 수학과에 진학한 이상, 나에게 수학은 더 이상 취미가 아니다. 이제 수학은 나를 먹고살게 해주는 도구다. 만약 내가 카이스트 수학과 졸업장을 가지고 취업해 일을 한다면, 적어도 나는 그 분야에서 전문성을 지니고 있어야 한다. 아니, 하다못해 수학이라는 분야만큼은 남이 가지고 있는 지식 이상을 가지고 있어야 할 것 아닌가. 그래야 그들이 내 지식을 탐내 나를 채용하고, 그래야만 일을 해 삶을 이어나갈 수 있다. 그러나 나는 그 수준에도 한참 못 미치는 결과를 내놓았다. 봄 학기를 마친 뒤, 과연 내가 이번 학기를 보내면서 수강한 과목을 제대로 알게 되었다고 말할 수 있을지 의문이 들었다. 무엇을 배웠는지, 어떻게 공부해야 하는지도 모르는데 누군가 나에게 이 과목은 어떤 것을 공부하는 학문이냐고 물어본다면, 나는 그 사람이 원하는 대답을 내놓을 수 있을까? 실제로 그런 사람이 있었다면, 나는 그저 내 노트에 적힌 식을 보여주면서 이런 식을 배우는 학문이야 하고 답할 수밖에 없었을 것이다. 인터넷 검색창에 해당 과목을 검색해 나오는 결과를 읊어주는 것밖에 되지 않는, 물어본 의미가 퇴색되는 대답이며, 나는 질문한 사람에게 자기 분야의 전문성조차 없는 사람이라 낙인찍힐 것이다. 만약 질문을 한 사람이 어느 기업의 면접관이었다면? 수학과를 졸업해 무엇을 할 수 있을까, 라는 질문에 대한 답이 이 시점에서 결정되었다. 이 상태로는 아무것도 할 수 없었다.

그뿐만이 아니다. 첫 전공을 완료한 학기의 내 학점은 미래의 내 모습을 좀 더 불투명하게 했다. 석사, 박사 학위가 없으면 수학과를 졸업한 것은 아무 의미 없고, 학점이 3.X를 넘지 못하면 대학원은 꿈도 꾸지 말라던 선배의 말이 학점은 중요하지 않다는 교수님의 말씀을 대차게 짓밟아버리고 내 머릿속을 빙빙 돌아다니며 이곳저곳을 들이

◆수학과 진입생 환영회에서 룸메이트와 직접 만든 눈사람.

박았다. 사고가 난 자리는 매우 아팠다. 차라리 3.X와 아주 멀리 떨어진 학점을 받았어야 했다. 그랬다면, 그 차이가 양수든 음수든 간에, 쉽게 결정을 내릴 수 있었을 텐데. 만약 내가 3.X를 훨씬 뛰어넘는 학점을 받았더라면, 이 길이 내 길이 맞구나 하며 공부에 매진했을 것이고, 3.X에 한참 못 미치는 학점을 받았더라면, 이 길이 내 길이 아니구나 하며 다른 길을 모색했을 것이다. 그러나 내 학점은 3.X에 약간 못 미치는 애매한 중간 언저리로, 진로의 경계선 위에 살짝 기울어진 상태로 놓여 있어 심하게 흔들리는 양팔 저울과도 같았다. 그러던 중에 나의 룸메이트는, 눈이 내리던 겨울 수학과 진입생 환영회에 참가해 함께 산에 올라 눈사람을 만들며 수학과에서 열심히 해보자 다짐했던 그 룸메이트는, 2학년 첫 학기가 끝나자마자 전과 신청서를 제출했다. 그런 룸메이트에게 현명한 선택이었다고 말하는 내 모습을 보면서 마치 나 자신에게 어리석다고 말하는 것 같았다. '내 선택은 옳지 못한 것일까? 나도 전과를 해야 하나?'라는 생각이 머릿속에 가득 차 있던 여름방학이었다.

⊠ 수학과에서 살아남는 방법

2학년 가을 학기를 보내면서 이러한 생각을 한껏 뿌리칠 수 있었다. 미래에 대한 걱정을 잠시 접어두고, 일단 학점을 올려야겠다고 다짐했다. 다짐을 했다고 공부하는 방법이 크게 바뀌지는 않았으나 굳이 달라진 점을 꼽자면, 칠판의 판서를 그대로 필기하는 것보다는 교수님의 말씀을 주의 깊게 듣는 것에 좀 더 신경 썼다. 이 방법으로 그 과목에 대한 교수님만의 철학을 이해할 수 있었는데, 책만 읽어서는 이해할 수 없는 빈틈을 교수님의 첨언으로 메꿀 수 있었다. 교수님의 철학은 어두컴컴했던 미로 속에서 길을 알려주는 이정표 역할을 해주었다. 옳은 방향으로 가고 있다고 느끼니, 공부하는 데 쓰는 시간이 아깝지 않았고 과목에 흥미를 붙일 수 있었다.

그러나 힘들었던 수학과 생활을 극복하는 데 더 중요한 역할을 한 방법이 있었다. 공부하고자 하는 개념을 가지고 다른 사람들과 대화하는 것이었다. 친구들이나 동아리 사람들과 함께 듣는 과목인 경우, 수업을 듣는 사람들끼리 채팅방을 개설해 해당 과목을 같이 공부했다. 채팅방이 공부에 도움을 주었다고 생각한다. 채팅방 공부는 누군가 질문을 하면 다른 사람이 대답해주는 형식으로 진행되었으므로, 궁금했던 점을 물어보아 해답을 손쉽게 얻을 수 있었다. 나아가 내가 생각하지 못한 부분을 지적해 질문하는 사람을 보면서 저런 생각도 할 수 있다는 사실에 놀람과 동시에 그 생각을 수용하니 풀고자 하는 문제에 좀 더 다각도로 접근할 수 있었다. 게다가, 다른 사람의 궁금한 점을 내가 해결해줄 때 얻는 성취감은 수학을 공부하는 보람까지 느끼게 했다.

대화를 통한 공부는 채팅방 밖을 벗어났을 때 진가를 발휘했다. 시험 직전, 채팅방에서 만나던 사람들끼리 모여 시험 범위에 해당하는 내용을 정리하는 시간을 가졌는데, 오프라인으로 설명을 주고받아 평소 공부할 때 얻는 것 이상의 효율성으로 공부할 수 있었다. 특히, 내가 다른 사람에게 어떤 개념을 설명해줄 때는, 다른 사람이 내 설명을 듣고 이해하는 것과 동시에 내가 내 설명을 들으면서 다시 한 번 개념을 정리할 수 있었다. 덧붙여서, 설명을 들었던 사람들로부터 받는 피드백은 그 개념에 대한 나의 이해도를 높은 수준으로 끌어올리는 데 도움을 주었다. 한 학기 동안 매우 보람찬 공부를 했다고 생각했고, 결과 역시 기대를 저버리지 않아 예전의 부정적인 생각들을 떨쳐내는 데도 도움이 되었다.

타인과 대화하며 공부하는 것이 핵심이라는 사실을 깨달은 뒤로, 나는 방학 때 그룹 스터디를 시작했다. 그룹 스터디는 다음 학기에 수강할 전공과목을 미리 공부하는 것을 목적으로, 주로 발표자가 해당 내용을 미리 공부해와서 사람들 앞에서 설명하는 형식으로 진행되었다. 정규 수업이 아니어서 교수님의 설명 없이 학생들 사이의 소통으로만 진행되어 발표자는 다른 사람에게 설명할 수 있을 정도의 수준이 되도록 많이 준비해야 한다. 본인이 발표해야 하는 날에는 책임을 지고 해당 개념을 설명해야 하므로, 대충 공부하다가는 모두의 신뢰를 저버리고 만다. 그 점을 염두에 두고 공부하다보니, 나중에는 해당 내용을 이해하는 것을 넘어 어떻게 하면 다른 사람에게 쉽게 설명할 수 있을지 고민하는 나 자신을 발견할 수 있었다. 그전까지만 해도 남에게 제대로 설명하지 못한다는 점을 종종 지적받고는 했는데, 이러한 공부 방식이 나의 단점을 해결해주었다. 공부 방법을 변화시켜 단순히 효과적인 개념 이해를 유도했을 뿐만 아니라, 소통하는 능력까지 개선한 셈이다. 또 다음 학기에 수강할 과목을 미리 공부해 전공 수업을 들을 때는 그 과목이 무엇을 배우는지, 어떤 방식으로 공부하는 것이 효율적인지 알고 있어 수업을 편하게 소화할 수 있었고, 이전보다 더 나은 결과를 얻는 데 도움이 되었다.

소통하는 공부에 맛을 들일 즈음 수학과 오리엔테이션에서 모 교수님이 했던 말씀이 떠올랐다. 수학을 공부하는 과정, 혹은 연구하는 과정에서 스스로 공부하는 것은 10%를 차지해야 하고, 나머지 90%는 다른 사람과의 대화를 통해 얻어야 한다고. 당시에는 무슨 말인지 와 닿지 않아 한 귀로 듣고 한 귀로 흘려버렸지만, 한참 지나 생각해보니 참으로 현명한 말씀이 아닐 수 없다. 사실 교수님은 이미 효과적으로 공부하는 방법을 알려준 셈인데, 그 길을 바로 가지 못하고 어두운 미로를 빙빙 돌아 겨우 찾은 것이다. 지금 생각하면 살짝 분하기도 하지만, 소통이라는 방식으로 수학과라는 거대한 미로 속에서 길을 잃지 않고 살아남았음에 감사하며 미처 끝내지 못한 과제를 위해 다시 연필을 잡는다.

제4부

色다른 수학 이야기!
어디까지 상상해봤니?

어느 물리학도의 랩중서신(LAB中書信)

물리학과 15 **이서영**

어머니께.

어머니, 오늘 하루는 어떠셨는지요. 항상 함께하고 있는데 편지를 쓰려니 여간 어색한 일이 아니군요. 인사말을 적는 것부터 쑥스러운 기분이 듭니다. 이 부끄러움을 이기고 글을 맺을 수 있을지, 편지를 다 끝낸다고 해도 당신께는 어떻게 부쳐야 할지 막막한 점이 한둘이 아닙니다. 그렇지만 저는 펜을 들었습니다. 스스로가 답답하고 한심하지만 원망할 사람이 없어서, 결국 제가 가장 사랑하는 당신을 탓하려고 펜을 들었습니다.

÷ 어머님, 나는 별 하나에 아름다운 말 한마디씩 불러봅니다

16세기의 저명한 물리학자 갈릴레오 갈릴레이가 이런 말을 했다고 전해집니다, 어머니. "수학은 신이 우주를 만들 때 썼던 언어이다" 이 표현은 자주 '자연의 언어는 수학이다'라는 의미로 이해되곤 합니다. 저는 신에 관해서는 아는 바가 없습니다만, 갈릴레이 선생님의 저 말에는 동의할 수밖에 없습니다. 수학은 자연의 언어입니다. 눈에 보이지도 않는 기본 입자들과 꾹꾹 눌러쓰고 있는 제 펜촉, 나무에서 떨어지는 사과, 떠가는 배, 날아가는 비행기, 태양계, 은하수, 블랙홀 등은 얼핏 아주 달라 보입니다. 하지만 모두가 잘 짜인 수학적 법칙에 따라 움직인다는 사실은 놀랍습니다. 움직이는 것뿐만이 아닙니다. 우주 만물은 수학의 언어를 통해 발생하고, 질량을 가지고, 상호작용을 하고, 또 사라집니다. 어머니, 자연의 모든 것은 제게 수학으로 말을 걸고 있습니다.

가장 대표적인 예는 중력입니다. 만유인력이라고도 불리는 중력은 질량을 가진 물체에 작용하는 힘입니다. 이 힘은 질량이 크면 클수록, 거리가 가까우면 가까울수록 더 세게 작용합니다. 더 정확하게 말하자면, 중력의 크기는 질량의 곱에 비례하며, 거리의 제곱에 반비례합니다. 수학의 언어로 보면 다음과 같습니다.

$$F = G \frac{m_1 m_2}{r^2}$$

이 힘을 다른 방식으로 설명할 수 있을까요? 중력의 본질을 이해하면서도 수학의 언어가 아닌 다른 표현을 쓸 수 있을까요? 아니요, 어머니, 중력은 그런 식으로 작용하지 않습니다. 지구와 달 사이의, 사과와 지구 사이의, 그리고 당신과 저 사이의 중력은 '폭신폭신'하게 작용하지도 않고, '영차 영차' 하며 작용하지도 않습니다. '교양 있는 질량들이 두루 작용하는 현대의 힘으로 정함을 원칙으로 함' 같은 것은 더더욱 아닙니다.

17세기의 세상과 비교해서 현대물리학이 보는 세상은 더욱더 복잡한 수학으로 이루어져 있습니다. 예컨대, 에너지나 운동량 같은 것 있잖습니까? 측정 가능한 양 말입니다. 그런 변수를 물리학자들은 '관측 가능량(observable)'이라고 부릅니다. 참 정직하고 단순한 이름입니다만, 양자역학에서 관측 가능량을 이해하는 것은 그 이름처럼 호락호락하진 않습니다. 선형대수학에 관한 지식이 필요하거든요. 양자역학에서 '상태'란 힐베르트 공간(Hilbert space)의 벡터로 나타낼 수 있고, 관측 가능량은 그 공간에 대한 자기 수반 작용소(self-adjoint operator)인 에르미트 행렬(Hermitian matrix)로 쓸 수 있습니다. 부정확해지는 것을 무릅쓰고 간단하게라도 해석해볼까요. 힐베르트 공간은 두 점 사이의 거리가 벡터의 내적으로 정의되는 공간을 말합니다. 이 공간은 완비성이라는 특성도 갖고 있는데, 공간에 어디 하나 구멍이 뚫린 곳이 없다는 뜻이죠. 여기서 벡터는 방향과 크기를 가진 양으로, 공간에 그려진 화살표를 생각하면 쉽습니다. 벡터를 곱하는 방법의 하나가 바로 내적입니다. 작용소란 어떤 물리적 상태를 다른 물리적 상태로 이어 주는 함수를 의미하며, 양자역학에서는 작용소를 주로 행렬로 표기하는데, 행렬이란 수나 기호를 네모꼴로 적은 것입니다. 에르미트 행렬은 가장 어려운 부분입니다만, 그 켤레 전치, 즉 행렬의 행과 열을 뒤바꾼 뒤, 성분별로 켤레 복소수(복소수 $a+ib$ 의 켤레 복소수는 $a-ib$ 입니다 [i는 허수단위])를 구하여 얻은 행렬이 원래 행렬과 같은 행렬을 말합니다. 휴, 이상한 용어만 한 바가지입니다, 어머니. 중학교 때부터 대학교 때까지 배운 수학을 죄다 털어놓아야 알 듯 말 듯 하죠. 하지만 야속하게도 세상은 그런 방식으로 의사소통을 하더군요. 먼지보다도 훨씬 작은, 하찮은 입자 하나의 에너지를 알고 싶을 뿐일 때도, 자연은 제 얼굴 앞에 두꺼운 선형대수학 책을 들이밀곤 합니다.

÷ 이네들은 너무나 멀리 있습니다.

별이 아스라이 멀듯이.

자연의 언어를 모르고 자연을 제대로 알 수 있을까요. 아주 힘들 겁니다. 마치 한국어의 존댓말을 잘 모르는 외국인이 한국의 유교 문화를 이해하기 힘든 것처럼요. 자연을 탐구하는 사람들은 자연의 언어, 수학을 잘 알아야 합니다. 물론 물리학계의 슈퍼스타인 알베르트 아인슈타인(Albert Einstein)이 수학을 못했다는 낭설도 있긴 한 모양입니다. '아인슈타인도 어릴 때 수학을 못했는데, 수학 조금 못해도 괜찮을 거다'라며 자기 위안을 하는 친구도 있었던 것 같습니다. 하지만 안타깝게도 그조차 사실과 거리가 멀지 않습니까? 학창 시절의 아인슈타인은 수학과 물리에서 최상위권을 벗어난 적이 없습니다. 중학교 때 이미 미적분학 공부를 하고 있었고요. 심지어 수학과로 진학할 생각도 했다는 이야기까지 전해집니다. 무엇보다, 아인슈타인을 일약 스타로 만들어준 특수상대성이론과 일반상대성이론을 제창하는 데는, 당대 최신의 수학적 지식이 필요했습니다. 아인슈타인이 아니더라도 역사 속에는 자연을 탐구하는 수많은 사람이 있었고, 개중에는 자연의 언어를 자유자재로 사용할 수 있는 사람들이 있었다고 합니다. 그중 더러는, 마치 '유행어'를 만드는 것처럼 새로운 수학을 만들어내기도 했습니다.

수학을 이끌어갔던 과학자라고 하면, 아이작 뉴턴(Isaac Newton)을 빼먹을 수 없겠습니다. 물리학도들이 고등학교와 대학교 2학년 때까지 공부하는 많은 역학 문제들은 이미 300여 년 전 뉴턴의 손을 거쳤다고 해도 과언이 아닙니다. 먼젓번 말씀드린 중력을 포함한 고전 역학 체계를 완성하면서 뉴턴은 많은 수리물리학 문제와 직면했습니다. 그때까지만 해도 수학계는 기하학이 유행한 모양입니다. 시간에 따라 바뀌는 것, 소위 변화량을 기술할 수학적 표현이 마땅히 없었죠. 속도, 가속도 등을 표현하고 계산할 방법이 없었습니다. 자연을 표현하고 싶었지만 마땅한 언어가 없었던 뉴턴은, 결국 스스로 표현 하나를 만들어버립니다. 그렇습니다, 미적분학의 등장입니다. 미적분학은 이름과 같이 미분과 적분으로 구성되어 있습니다. 사실 적분은 도형의 부피와 넓이를 구할 목적으로 고대부터 알려져 있었고, 딱히 새로운 내용이 아니었습니다. 하지만 미분은 다릅니다. 미분은 움직이는 물체의 순간 속도나 그래프 접선의 기울기를 구할 수 있는 가장 효과적인 방법입니다. 이것만 들으면 별것 아닌 이야기 같기도 합니다만, 사실 대부분의 함수 혹은 방정식을 좌표평면의 그래프로 나타낼 수 있다는 걸 생각해보면 꼭 그렇지만도 않습니다. 물리법칙 또한 함수나 방정식의 꼴로 나타나기 때문입니다. 미분된 함수(이를 '도함수'라고 부릅니다)를 알았을 때 원래 함수를 추측하는 일도 할 수 있고, 임의의 범위 내에서 최적값을 계산하는 데도 쓸 수 있습니다. 미적분학의 아버지가 뉴턴이냐 라이프니츠냐는 서구 수학계의 오랜 논쟁거리였습니다만, 논쟁이 일단락되기 이전에도 뉴턴이 미적분학의 개념을 독자적으로 고안했다는 사실에는 이견이 없었습니다.

　과학혁명을 거치고 근대로 넘어오면서 수학자 겸 과학자 겸 철학자 겸 신학자 등의 르네상스 형, 다빈치 형 인간을 더는 찾아보기 힘들게 되었습니다. 과거의 거인들이 축적한 지식을 바탕으로 학문이 점점 더 전문화되었기에 그렇겠지요. 하지만 20세기에도 자연을 공부하는 물리학자들은 그 언어를 탐구하는 수학자들과 깊은 연관이 있었습니다. 단적으로, 양자역학의 아버지 가운데 하나로 꼽히는 폴 디랙(Paul Dirac)은 점질량, 혹은 점전하와 같이 한 점에 집중된 물리량을 다루기 위해 디랙 델타 함수를 고안합니다. 디랙 델타 함수는 0이 아닌

◆훌륭한 물리학자들(아인슈타인, 뉴턴, 디랙 같은 사람들 말이죠)이
수학에도 능통했다는 사실은 부끄럽게도 저를 움츠러들게 합니다.

점에서는 모두 0인 값을 가지지만, 적분 값이 1로 정의된 함수입니다.
0인 점에서는 무한한 값을 가집니다. 엄밀하게 말하자면, 수학에서는
위의 성질을 만족하는 실수부에서 정의된 함수가 없으므로 이 기묘한
함수를 함수라고 부르지 않는다고 합니다(대신 측도, 혹은 분포의 개념으로
생각합니다). 디랙은 세상을 서술하는 수학적 도구가 하나 필요해서 디
랙 함수를 만들었지만, 덕분에 수학계는 측도론(measure theory)과 확률
론의 범위를 점차 넓혀갔다고 말할 수 있습니다. 21세기에도 수학계
와 물리학계의 단단한 연결은 여전합니다. 현대물리학의 최첨단에 자
리 잡은 '끈 이론'은 종종 물리학이 아니라 수학이라는 말을 듣곤 합
니다. 사실 이는 끈 이론의 허구성을 빈정거리는 데 쓰이는 표현입니
다만, 아이러니하게도 현대물리학자들이 얼마나 수학에 정통하는지

를 보여주는 것일지도 모르겠습니다.

÷ 딴은 밤을 새워 우는 벌레는
부끄러운 이름을 슬퍼하는 까닭입니다.

아아, 하지만 어머니. 자연의 언어는 수학이고, 자연을 탐구하는 사람들이 그 언어를 자유자재로 구사할 수 있다는 사실은 저에게 도무지 위안이 되지 않습니다. 차라리 그것은 절망이고 고통입니다. 왜 수학은 제 모어(母語)가 아닙니까? 왜 저는 광자의 방출을 '반짝반짝'으로밖에 느낄 수 없습니까? 빛은 볼록렌즈를 통과하며 푸리에 변환이 되고 대기를 뚫고 오며 합성곱 연산을 거칩니다만, 왜 저에게는 빛이 하는 말이 들리지 않는 걸까요? 곁에 수학책이라는 사전을 켜켜이 쌓아 두고 있는데도, 왜 저는 쉽사리 번역을 하지 못하는 걸까요?

저는 아직도 자연의 언어를 흉내만 내고 있습니다. 겉보기에는 제법 익숙하게 사용하는 것으로 보일지도 모르겠습니다만, 그 모습이 다 거짓이라는 사실은 저 자신도 알고 있습니다. 정의를 외우고, 정리를 외우고, 규칙을 외우고, 다만 외우고 있습니다. 볼록렌즈를 통과하는 빛은 특정 상황에서 소위 '프라운호퍼 회절'을 거칩니다. 그런데, 초점면에서 관찰한 렌즈의 프라운호퍼 효과는 원래 영상을 그 영상의 '주파수 성분'으로 분석한 결과와 같습니다. 수학자들은 이것을 푸리에 변환이라고 부릅니다. 하지만 저는 왜 프라운호퍼 회절이 푸리에 변환의 꼴로 나타나는지, 그것이 어떤 의미가 있는지 명확히 이해한 적이 없습니다. 빛을 포함한 많은 신호는 필터나 매질을 통과하면서 성질이 바뀝니다. 이는 자주 원래 신호와 필터의 '합성곱'으로 나타납니다. 합성곱이란, 두 함수가 있을 때 한 함수를 뒤집고 조금 이동시킨 다음, 나머지 하나의 함수와 곱하여 적분하는 연산을 말합니다.

$$(f*g)(t) = \int_{-\infty}^{\infty} f(\tau)g(t-\tau)\,d\tau$$

신호가 매질과 어떤 상황에서 합성곱의 형태로 상호작용하고, 어떤 상황에서 곱셈의 형태로 상호작용하는지, 저는 그것 역시 명확하게

◆어릴 때는 돋보기 렌즈로 햇빛을 모아 종이를 태우곤 했죠.
프라운호퍼나 푸리에는 하나도 모른 채로.

이해한 적이 없습니다. 저는 다만 수학을 습관적으로 외운 대로 사용하고 있을 뿐입니다. 하지만 겉모습만 흉내 내는 것으로는 자연의 뜻을 제대로 이해할 수 없습니다.

　이해하지 못한 말을 따라 하는 것은 자주 우스꽝스러운 상황을 만듭니다. 가끔은 전혀 잘못된 답을 구해내곤 합니다. 덧셈을 해야 할 때 곱셈을 하거나, 합성곱을 해야 할 때 곱셈을 한다는 식으로 말입니다. 무슨 뜻인지 잘 감이 안 잡히신다면, 이런 예시는 어떨까요. 처음 만난 사람이 "어디에 사세요?"라고 물어본다면, 한국어 화자라면 보통 "대전에 삽니다"와 같은 대답을 기대하죠. "집에 삽니다"라는 대답을 들으면 굉장히 이상할 겁니다. "그렇게 무거운 짐을 어떻게 드세요?"라는 질문에 "손으로 듭니다"라고 진지하게 답하면 그만큼 어색한 상황도 없겠죠. 때로는 무분별한 암기 때문에 수학적 특성을 잘못 활용하기도 합니다. 해석학에는 '로피탈의 정리'라고 불리는 정리가 있습니다. 몇 가지 조건을 만족하는 경우에, 어떤 함수들의 비의 극한은 그 함수들의 도함수의 비의 극한과 같다는 법칙입니다. 하지만 곧잘 그 '조건'들을 꼼꼼히 확인하지 않아서, 잘못된 상황에 적용하는 실수를 범할 때가 있습니다. 마치 제가 높임말을 처음 배울 때랑 비슷하게 말입니다. 어릴 적 저는 보조사 '요'를 남발하곤 했죠. "이거 하자요" "집에 가자요" "나랑 놀자요"……. 어쩌면 저는 수학적으로는 아직도 그런 식으로 말하고 있는 걸지도 모르겠습니다.

어머니, '대자연 어머니', 그렇지만 저는 그만둘 수가 없습니다. 내일도 오늘처럼 연구실에 출근할 테고, 또 새로운 논문을 읽을 것입니다. 당신이 빚어낸 소리에 귀를 기울이고, 그것을 누군가 훌륭하게 받아 써낸 수식들을 읽으며 감탄할 것입니다. 수학은 제 모어도 아니고, 자신 있는 외국어도 아닙니다. 하지만 수학이 대자연의, 어머니의 언어라면 저는 내일도, 그다음 날도 기꺼이 씨름하겠습니다. 화내고, 울고, 절망하고, 오늘처럼 욕도 하고 탓도 하겠지요. 하지만, 시간이 아주 많이 걸려도 괜찮습니다. 심지어, 이 우주에서 제가 처음이 아니라도 괜찮습니다. 당신께서 만든 규칙을, 저는 별 헤듯 하나씩 이해해나갈 겁니다. 그것이 제가 당신을 사랑하는 방법입니다.

어머니, 계절이 지나가는 하늘에는 가을로 가득 차 있습니다.

2018년 XX월 XX일
카이스트 XXXX실험실에서
어느 물리학도 올림

엄밀하게 완전한 아이돌에 관한 이야기

전산학부 13 **안정미**

÷ Tri－angle － 일직선 위에 있지 않은 세 점

수학은 대한민국 학생들의 '공공의 적'이다. '수포자'라는 단어가 자연스럽게 사용되고, 수학을 기준으로 학생을 문과와 이과로 구분한다. 바야흐로 수학이 인생을 결정짓는 시대이다. 이 시대를 살고 있는 우리에게 수학은 어느새 '포기'해야 하는 존재가 되어버렸다. 이 시대를 사는 당신에게 보여주고 싶은 영상이 있다. 짧게 편집된 영상은 누군가의 질문에서 시작된다.

"수학을 잘하려면 어떻게 해야 하나요?"

그러면 질문을 받은 사람은 다음과 같이 답을 한다.

수학을 잘해야 한다고 생각하지 마세요. 수학은 흐름과 같아요. 지금이 장소에서 앞사람이 오래 걸리면 뒷사람에게도 그 여파가 이어지는 것처럼, 제일 처음 시작되는 공리나 정의에 대해서 정확히 알지 못하면 그 뒤에 이어지는 흐름도 알 수가 없게 되는 거예요.

영상 속의 인물은 수학을 잘하고 못하고를 말하기 전에 수학이 어떻게 구성되어 있는지 그 시작부터 이해하라고 말한다. 어디 수리과학과 교수가 말한 것 같은 이 말에 수많은 소녀들이 구원을 받았다. 이 영상의 주인공은 수학자도 아니고, 수학교사도 아니다. 그의 직업은 수학의 '수' 자와도 관련 없어 보이는 아이돌이다.

바로 아이돌그룹 Tri-angle의 멤버 황수현의 이야기이다.

÷ X, Y, Z – 수학이라는 미지의 세계에서 온 소년

사실 황수현은 처음부터 이랬다. '황수현'이라는 이름이 세상에 알려지기 시작한 연습생 시절부터, 그는 유명한 '수학하는 애'였다. 노래를 부르고 춤을 추는 수많은 연습생들 사이에서 그는 수학 문제를 풀었다. 그의 얼굴만큼이나 단정한 글씨체로 적어 내려가는 수식들, 발라드가 어울릴법한 잔잔하고 부드러운 목소리로 들려주는 군더더기 없는 깔끔한 설명, 마치 수학에 관한 이야기가 아닌 사랑 노래를 하는 것 같은. 모든 소녀들이 한 번쯤은 꿈꿔보았을 공부 잘하는 완벽한 옆집오빠에 대한 판타지를 현실화시켜놓은 것 같았다. 그의 모든 것은 소녀들에게 신선한 충격으로 다가왔다(참고로 그때 풀었던 등차수열 문제는 그의 팬이라면 수백 번씩은 돌려봤기 때문에 기본적으로 완벽하게 증명할 수 있는 문제이다. 반복 학습이 효과적이라는 사실은 여기에서도 적용된다). 그 당시에는 그가 적어 내리는 내용보다는 아이돌이라는 사실이 사람들에게 더 쉽게 기억되었다. 저거 다 쇼라면서 눈에 띄려고 별짓을 다한다는 소리도 나왔다. "하다 하다 할 게 없어서 수학 문제를 푸는 거야?" 황수현은 사람들의 머릿속에 그저 특이한 연습생, '할 게 없어서 수학 문제 풀던 개'로 자리 잡았다. 하지만 그 모든 생각은 그가 속한 그룹 Tri-angle의 데뷔 때부터 바뀌기 시작한다.

그룹명인 Tri-angle과 데뷔곡인 〈X, Y, Z〉에서 풍기는 강한 수학의 냄새를 아직 사람들은 감지하지 못하던 시기였다. 먼저 공개된 티저를 통해 그 시절 아이돌의 데뷔곡이 그렇듯 '미지의 세계로 던지는 출사표와 같은 곡이지 않을까'라는 무난한 궁금증이 나왔을 뿐이었다. 여기까지는 평범한 아이돌의 데뷔였다. 첫 인터뷰에서 우리는 '수학 소년'이 왜 수학 소년인지 확실히 각인하게 되었다. 황수현이 내놓은 그룹명으로 채택된 Tri-angle, 그리고 그 유래를 설명하면서 가장 행복해 보이는 표정을 짓는 황수현. 기자들 앞에서 황수현은 삼각형이 왜 가장 완벽한 도형인지 설명했다. 다른 멤버가 막지 않았다면 주구장창 이야기할 기세였다.

삼각형은 세 개의 점과 세 개의 변으로 이루어지는 다각형을 칭하는 말로 평면기하학에서 존재하는 가장 단순하고 기초적인 다각형입니다. 공간에 존재하는 서로 다른 세 개의 점이 한 직선 위에 있지 않은 경우, 유일한 삼각형이 만들어지면서 새로운 평면을 만듭니다. Tri-angle은 언뜻 보기에 서로 달라 보이는 세 사람이 새로운 평면 위에서 함께 활동하는 모습을 보여드릴 예정입니다.

- Tri-angle 데뷔 쇼케이스 中

세 명이어서 삼각형을 뜻하는 영어 단어 트라이앵글로 이름을 지었다 정도로 말할 것이라 기대했던 사람들은 이어지는 삼각형에 대한 강의에 입을 다물 수 없었다. 같은 멤버인 도진우가 "수현이가 이런 장소가 처음이라 긴장했나 봐요" 하고 웃어넘길 때만 해도 열심히 외운 내용인가 했다. 하지만 그 뒤에 이어지는 데뷔곡에 관한 질문에서 황수현은 화룡점정을 찍는다. 열과 성을 다해 미지수 x, y, z가 만들어진 역사를 설명하는 황수현을 보며 '할 게 없어서 수학 문제를 풀던 개'가 아니라 '수학을 사랑하는 소년'이라는 사실을 인정하게 되었다.

"미지수라는 것은 말 그대로 미지의 수, 그러니까 숫자인 건 알겠는데 도대체 어떤 수인지 확실히 모르는 수를 말합니다. x-file, x-ray와 같이 미지의 존재를 나타낼 때 x를 사용하는 관습은 수학자 데카르트로부터……." 데카르트를 이야기하려는 황수현을 막아선 사람은 또 다른 멤버 김지훈이었다. 동생에게 말이 끊긴 황수현의 슬픈 표정을 본 사람이라면 누구라도 '황수현=수학 소년'이라는 등식이 성립한

◆수학과 아이돌은 양립 가능할까?

다는 사실을 증명 없이 참으로 받아들였을 것이다. 그러니까, '황수현 =수학 소년'이라는 등식은 팬들에게는 하나의 공리였다.

그 뒤로 Tri-angle의 활동과 함께 황수현의 수학 행보는 계속되었다. 아이돌에게 빼놓을 수 없는 건 팬들과의 소통이다. 소통의 창구 중 하나인 팬카페에 다른 멤버들이 '항상 응원해줘서 고마워요!' 같은 글을 남기거나, '오늘은 스케줄이 없어서 숙소에서 영화를 봤어요!' 같은 이야기를 올릴 때, 황수현은 역시나 우리를 배신하지 않았다.

여러분이 보내주신 선물 잘 받았습니다. 겨울이 다가오고 있습니다. 다들 감기 조심하시길 바랍니다. 날이 추워져서 그런가, 스웨터를 선물해주시는 분도 많은데 보내주신 스웨터 중에 아가일 무늬가 있

는 스웨터가 제일 흥미로웠어요. 덕분에 스웨터 안에 몇 개의 마름모

가 있는지 세면서 놀았습니다. 즐거웠습니다.

스웨터에 흥미로워하는 아이돌은 아마도 그가 처음이지 않을까. 그
것도 좋아하는 브랜드여서가 아니라 무늬에 흥분하는 아이돌은 내가
기억하는 한 존재하지 않았다. 우리의 수학 소년은 생활 자체가 수학
이었다.

÷ Q. E. D – 증명 완료

그렇게 수학 소년과 Tri-angle의 활동이 계속되던 가운데, 황수현의
이름을 모든 국민이 한 번쯤은 들어보게 되는 일이 벌어진다. 그해를
뜨겁게 달군 '현역 아이돌 H씨의 K대 수학과 입학'이었다. 아이돌이
수학과를 가는 것도 흔치 않은 일인데 한참 활동하다가 입학을 한 것
이다. 같은 멤버인 도진우처럼 연극영화과를 가는 것은 아이돌로서
일반적인 흐름이라고 할 수 있지만, 수학과는 그렇지 않다. 그것도 K
대라면. 활동 도중에 어떻게 대입을 준비했나, 아이돌 특혜 같은 입시
비리가 있던 것은 아닌가 하는 의문들. 의문은 꼬리에 꼬리를 물고 커
져갔다. 황수현에게 수학은 그저 마케팅을 위한 수단에 불과한 것 아
니냐는 의문. K대가 새로운 모델을 찾기 위해 능력도 없는 황수현을
뽑았다는 소문. 이에 대응해 K대와 소속사는 초강수를 둔다. 바로 황

수현의 수리 논술 시험지 공개! 일차변환, 함수의 미분과 적분 등 고등학교 교과과정에서 중요하게 다루는 문제들을 논리의 결여 없이 작성한 그의 답안은 그해 K대 수리 논술의 모범 답안과 다를 바 없었다.

이 사건으로 입시 비리의 의혹은 사그라졌지만 대중은 황수현, 그리고 Tri-angle에게 새로운 물음을 던지게 된다. 3명 중 2명이 대학에 다닌다면 그룹 활동이 제대로 이루어질 수 있겠냐는 질문. 그리고 수학이 그렇게 좋은 황수현은 왜 아이돌을 하는가라는 대중의 물음.

그 물음을 황수현은 하나의 곡으로 잠식시킨다. Q. E. D. 풀어 쓰면 Quod Erat Demonstrandum, 우리말로 번역하면 '마땅히 증명되었어야 하는 것'이다. 이 곡은 Tri-angle의 정규 앨범에 수록된다. 황수현은 이 곡의 작사자이자 작곡자로 이름을 올리면서 음악적 재능도 세상에 알렸다. 물론 영원히 사랑한다는 가사와 함께 무한을 이야기하고 무한집합의 원소의 수를 뜻하는 '알레프 널(aleph-null)'을 말하면서, 무한의 크기와 당신을 사랑하는 정도를 이야기하는 것으로 그의 수학 사랑은 사그라지지 않았다는 사실을 증명해 보였다.

> 수학도 좋아하고 음악도 좋아해요. 처음에는 고민도 많았지만 지금은 Tri-angle 하기를 정말 잘했다고 생각해요.
>
> – Tri-angle 첫 단독 콘서트 'FIRST CONCERT' 中

우스갯소리로 황수현은 인간이 아니라 인공지능 로봇이라는 소리가 나올 정도로 착실하게 대학 생활과 Tri-angle 활동을 이어나갔다. 팬들이 빡빡한 일정을 걱정했지만 황수현은 힘들다 어떻다 이야기하지 않고 그저 주어진 일에 열중했다.

> 중간고사 기간에 단독 콘서트가 겹쳤을 때는 일주일에 네 시간도 못 잤어요. 과가 과다 보니까 교수님들이 봐주지도 않으시던데요? 옆에서 보는 제가 다 걱정될 정도였어요.
>
> – Tri-angle 콘서트 "i" DVD 코멘터리 中

도진우의 말이 없었다면 알려지지 않았을 정도로 황수현은 자신의 생활에 관해 일언반구도 입 밖에 내지 않았다.

황수현의 대학 생활을 향한 사람들의 관심이 어느 정도 사그라졌을 즈음, Tri-angle의 막내 김지훈이 대입을 준비한다는 이야기가 들려왔다. Tri-angle의 팬들은 "이게 다 황수현에게 나쁜 물이 든 거다"라고 이야기하기도 했다. 대입이 끝난 뒤 진행된 인터뷰에서 김지훈은 대입을 준비하는 동안 황수현이 함수를 가르쳐준 부분이 아직까지도 머리에 남아 있다고 인터뷰에서 밝혔다.

> "너와 내가 대화할 때, 네가 어떤 말을 던지는지에 따라 내가 내놓는 답도 다르겠지? 함수도 마찬가지야. 같은 함수라 해도 x라고 적힌 독립변수의 영향을 받아서 여기 y라는 종속변수가 결정되는 거야. 너

여담이지만 황수현에게 '나쁜 물'이 든 탓인지, 김지훈은 수능 최저 등급을 만족시키고 S대 자유전공학부에 입학한다.

÷ 데데킨트의 절단 – 아이돌이라는 체계의 완전성

수학에는 '데데킨트의 절단'이라는 개념이 있다. 수학 역사상 최초로 무한집합에 대한 금기를 깬, 수학 역사상 가장 주목할 만한 변화를 야기했다고 할 정도로 중요한 개념이다. 짧게 설명하자면, 유리수를 수직선에 나타냈을 때 그 수직선을 두 조각으로 자르는 것을 생각하자. 이 두 조각 사이에는 빈틈이 존재하게 되고, 이 빈틈을 메꾸는 것이 무리수이다. 이 개념을 통해 인류는 '실수'를 이해하게 된다. 유리수만으로는 부족한 수 체계를 메꾸어 만든 '완전하게 갖추어진' 수가 바로 실수가 된다.

처음 황수현이 수학 문제를 풀 때, 그리고 수학'스러운' 이야기를 이어갈 때 들었던 말 중에 '무리수를 둔다'가 있었다. 이치에 어긋나거나 정도를 벗어나는 행동을 했다는 것이다. 이렇듯 우리는 여태까지 아이돌에게 더 이상의 확장을 요구하지 않았다. 유리수만을 '수'로 생각한 피타고라스가 처음 무리수를 발견하고서는 수 체계에 의문을 제기한 제자 히파수스(Hippasus)를 수장시켜버렸듯, 어쩌면 아이돌이 다른 분야로 확장하는 걸 '무리수'라는 말로 저지시키고 있는 걸지도 모른다.

여태까지 우리는 아이돌이 수학을 이야기하는 광경을 보게 되리라고 생각지도 못했다. 더더욱 수학의 대중화에 한 획을 긋게 되리라는 것은 상상도 할 수 없었다. Tri-angle, 그리고 황수현은 아이돌에게서 부족한 부분을 메꾸어서 '완전하게 갖추어진' 아이돌이 되었다. 그러니까 황수현은 우리에게 아이돌의 금기라고 생각하는 부분을 깨버린 피타고라스의 제자, 히파수스가 되었다.

> 초월수라던가 메르센 소수 같은 수들은 사실은 그냥 하나의 숫자예요. 하지만 그 숫자들에게 이름을 붙여주면서 새로운 의미가 생겼다고 생각해요. 저도 마찬가지라고 생각해요. 많은 분이 저를 불러주시기 때문에 저에게 새로운 의미가 생기는 것 아닐까요?
> – 기사「대한수학회, 첫 홍보 대사로 Tri-angle 발탁」에서 발췌

라고 말하면서 미소 짓는 황수현은 수학 소년이자 엄밀하게 완전한 아이돌이다.

뉴턴으로서의 삶, 수학자로서의 앎

수리과학과 13 **고형탁**

÷ 사과나무 아래에서

'쿵' 머리에 무언가 떨어졌다. '데굴데굴' 굴러가는 그놈을 잡았다. 졸린 눈을 차마 완전히 뜨지는 못하고, 실눈 사이로 희미하게 보이는 빨간색 무언가. 눈을 비벼 제대로 응시했다. '뭐야 사과잖아!' 주변에는 나무 그늘이 졌다. 위를 쳐다보니 나뭇가지에 사과가 주렁주렁 매달려 있다. 내가 사과나무 아래서 잠을 잤나 기억을 되새겨보지만 떠오르는 것이 없다. 정신이 없는 와중에 "아이작, 아이작" 하며 사람 부르는 소리가 들렸다.

"이봐, 아이작!"

"아이작!"

"아이자악!"

◆트리니티 칼리지 내부에 있는 뉴턴의 사과나무.

소리가 점점 가까워진다. '아이작이 도대체 누구야' 생각하며 이내 몸을 일으키는데 내게로 달려오는 사내가 보였다. 중세 유럽 사람의 행색을 한 사내. 그는 똑바로 내 앞으로 다가와 말했다.

"아이작, 목이 터져라 불렀는데 왜 대답이 없어?"

"저요?"

"그럼, 너지. 아이작 뉴턴! 수업 시간이 다 되었는데 보이질 않아 한참을 찾아다녔다. 가자."

'내가 뉴턴이라고?' 이건 사이비들의 신종 수법인가 싶으면서도 나도 모르게 그의 뒤를 따라갔다. 두꺼운 책을 든 학생들이 보인다. 금세 중세 유럽 꼴을 한 사람은 그 사내뿐이 아니었음을 깨달았다. '내가 어디에 있는 거지?' 사내를 무작정 따라가다가 마주한 건물의 입구에 적힌 '트리니티 칼리지(Trinity College)', 이건 장난이 아니었다. 나는 뉴턴으로 다시 태어난 것이다!

÷ 뉴턴으로 살아가는 일

"무거운 물체와 가벼운 물체를 피사의 사탑에서 동시에 떨어뜨린다면, 어떤 물체가 먼저 떨어질까?"

뿌리까지 흰 머리카락을 한 교수의 질문에 학생들은 웅성대며 토론하기 시작했다. 이게 대학교 물리 수업 수준이라니.

"이봐, 아이작. 너는 어떻게 생각해?"

사과나무 아래에서 자고 있던 나를 찾으러 온 사내가 물었다.

"아, 별로 어려운 문제는 아니야. 근데 네 이름이 뭐더라?"

"데이비드잖아, 아직 잠이 덜 깼어?"

"맞아, 데이비드였어."

고등학교 때 배운 갈릴레이 사고 실험 내용을 떠올리며 답을 했다.

"무거운 물체가 먼저 떨어진다고 가정하자. 근데, 무거운 물체와 가벼운 물체를 연결해서 떨어뜨린다면, 무거운 물체는 빨리 떨어지려 하고 가벼운 물체는 그보다 늦게 떨어지려 할 거야. 결국, 처음의 무거운 물체 하나만인 경우보다는 늦고, 가벼운 물체 하나만인 경우보다는 빨리 떨어지게 되겠지. 근데 두 물체가 연결되어 있으므로 전체

무게는 더욱 무거워졌으니까 빨리 떨어져야 옳겠지. 가정의 모순이야. 가벼운 것이 먼저 떨어진다고 가정해도 똑같이 모순이 생겨."

말을 끝내자 어느새 교수님이 내 코앞까지 와 있었다.

"그래, 그게 갈릴레오 갈릴레이의 사고 실험이지. 아이작은 역시 총명한 학생이구나."

내가 하는 말이 들렸나보다. 데이비드가 부러운 눈으로 말하길,

"아이작 바로우(Isaac Barrow) 교수님은 너를 참 아끼셔. 이름이 같은 아이작이라서 그런가?"

인간의 귀소 본능은 무섭다. 술을 떡이 되도록 마셔 정신을 잃어도 다음 날 본인도 모르게 자기 침대에서 일어나지 않는가. 하굣길, 집이 어딘지는 모르겠다만 발걸음이 닿는 대로 집을 찾아갔다.

"아이작, 다녀왔니?"

어머니로 추정되는 여성의 목소리, 다행히 잘 찾아왔나보다. 잠에서 깨어나니 '아이작 뉴턴'이 되어버린 상황에서, 내가 해야 하는 일은 무엇일까 고민하기 시작했다. 뉴턴이 세운 업적인 「프린키피아」를 저술해야 한다는 생각이 문득 들었다. 상자 안의 고양이가 죽었든 살았든, 죽음과 삶이 중첩된 상태(슈뢰딩거의 고양이)든 아니든 내 알 바도 아니고 이해도 못하겠지만, 뉴턴역학 없이, 고전물리학 없이 어떻게 현대물리학이 나오겠는가. 뉴턴의 운동 법칙들을 떠올렸다. 제1법칙부터 제3법칙까지 대충 기억은 난다만, 이를 수식적으로 표현해야 한다. 현시대에, 아니 그러니까 중세 시대에 어느 정도의 수식까지 사

용 가능할지 내가 알 턱이 없다. 친구들을 불러 같이 해야겠다고 생각하며 핸드폰을 찾아다니다가 문득 '젠장, 핸드폰이 있을 리가 없잖아'라고 생각하며 내일을 기약했다.

다음 날 점심시간에 데이비드를 비롯한 친구들을 불러 모았다.

"내가 논문을 쓸 건데, 너희 도움이 필요해."

그러자 데이비드가 대꾸했다.

"그래. 우리도 이제 논문 쓸 때가 됐지. 그런데 우리 도움은 왜?"

종이를 꺼내 수식을 적었다. F=ma. 누군지는 몰라도 공부를 참 잘하게 생긴 친구가 묻는다.

"F는 힘, m은 질량, a는 가속도 말하는 거 맞아?"

알아보는구나! 반가운 마음에 고개를 격하게 끄덕였다.

"그래, 맞아! 그럼 이건 뭘 말하는지 알겠어?"

종이에 이어 적는다. $a = \dfrac{dv}{dt}$. 요즘 말로, 아니 먼 미래의 말로 '갑분띠(갑자기 분위기 띠용의 줄임말)'라고 했던가. 친구들의 어리둥절한 표정이 아주 가관이었다.

"dt는 갑자기 뭐야?"

"dv는 또 뭐고?"

그렇다. 아직 미적분학이 정립되지 않은 시대다. 혹시나 하는 마음에 종이에 극한을 써서 알아보는지 살펴보았다. $\lim\limits_{n \to}$. 데이비드가 의아해하며 묻는다.

"lim은 누구 이름이야?"

대꾸할 가치도 느끼지 못한 나는 기하학적으로 미분을 설명할 방법만 머릿속에서 그리고 있었다.

그날 밤 나는, 아니 아이작 뉴턴은, 아니 아이작 뉴턴이 된 나는 내 방 책상 앞에 앉아 머릿속 사고들을 정리했다. 본래 미분은 그래프의 접선 기울기를 구하는 것이다. 극한 도입 없이 기하학적으로 설명하고자 여러 형태의 운동을 시간에 따라 변하는 함수로 그려보았다. 그래프의 순간적인 변화량이 기울기를 뜻하게 되는데, 이는 가로와 세로 방향의 속도의 벡터의 합과 같다. '아하! 그렇다면 결국 그래프 위 점의 x축 변화 속도, y축 변화 속도를 계산하여 그것의 벡터 합을 하면 된다.' 책상에 놓여 있던 노트를 폈다. '어라, 내가 방금 생각했던 내용이잖아.' 결론은 같지만 그 과정은 다르다. 무에서 유를 창조하기란 힘든 일이다. 1장의 이론을 정립시키기 위해 노트가 너덜너덜해지도록 연구한 흔적이 눈에 들어왔다. 무에서 유를 창조하기란 힘들지만, 나는 그런 입장은 아니었다. 그저 배운 내용을 되새겨 시대에 맞게 설명하면 되는 것이었다. 내가 아는 수학에 얼마나 많은 수학자의 땀과 노력이 배어 있는 것일까, 잠깐이지만 위대한 수학자들을 떠올리며 절로 숙연해졌다.

「자연철학의 수학적 원리(Philosophiæ Naturalis Principia Mathematica)」, 흔히 알려지길 「프린키피아」. 논문 제목은 이미 정했다. 곧바로 펜을 잡고 서술을 시작했다. 제1법칙인 관성의 법칙은 외부에서 가해지는 힘이 없을 때, 물체는 운동 상태를 유지한다는 것이다. 생활 속에서 예를 쉽게 찾아볼 수 있다. 달려가다가 발이 돌부리에 걸리면 넘어진다. 즉시 멈추고 싶지만 멈출 수 없다. 물체는 운동 상태를 유지하려고 하니까. 그것을 유지하려는 성질이 관성이다. 두 번째 법칙은 F=ma. 그러니까 가속도의 법칙이다. 관성이 외부의 힘이 없을 때 물체의 운동 성질이라면, 가속도의 법칙은 외부에서 가해지는 힘(F)이 물체의 운동 상태(a)를 변화시킨다는 법칙이다. 그리고 비례상수는 관성의 크기라고 볼 수 있는 물체의 질량(m)이고, 미분을 도입한다면 $F=\dfrac{d(mv)}{dt}=\dfrac{dp}{dt}$로 힘은 물체의 운동량(p)의 변화량과 같다는 것도 유도할 수 있다. 마지막 세 번째는 작용·반작용의 법칙! $F_{AB}=-F_{BA}$, 즉 어떤 물체 A가 다른 물체 B에 힘을 가하면, 물체 B는 물체 A에 크기는 같고 방향은 반대인 힘을 동시에 가한다. 홧김에 주먹으로 벽을 쳤을 때 주먹이 얼얼한 이유이다. 논문의 윤곽은 잡혔다. 이제 이것을 수학적으로 다듬는 일만 남았다.

÷ 수학자로서 해야 하는 일

생각보다 마무리 작업이 지지부진하다. 나만 알아볼 수 있는 논문은 의미가 없는 법. 아이디어만 가지고 논문을 쓸 수는 없다. 친구들과 교수님들의 도움을 받았다. 특히, 난관에 봉착할 때마다 바로우 교수님의 조언을 얻었다. 몇 주간의 고생 끝에 찾아온 꿀맛 같은 주말, 오랜만에 집에서 낮잠을 자고 있었다.

"아이작, 데이비드가 널 보러 왔어!"

어머니가 나를 깨웠다. '무슨 일이지?' 무거운 몸을 일으켜 문 앞의 데이비드를 만나러 간다. 얼굴을 보자마자 데이비드가 흥분한 목소리로 말했다.

"큰일이야, 아이작. 네가 논문에 쓰고 있는 '미분법'에 관한 내용을 누가 선수치고 말았어."

잠이 달아났다.

"나도 그 논문 한번 볼 수 있을까?"

"물론이지. 학교에 가보자."

논문 작업을 도와줬던 친구들은 이미 한데 모여 문제의 논문을 보고 있었다. 고트프리트 라이프니츠라는 어느 독일 수학자의 '미적분학'에 관한 논문이었다.

"이것 좀 봐봐. 'dx' 'dy'. 아이작 네가 전에 보여줬던 'dt' 'dv'랑 비슷한 표현 아니야?"

그렇다. 분명히 내가 논문에 쓰고 있던 미분 내용이 논문에 들어 있다. 문득 중학교 때 책으로 읽은 미적분학의 역사가 생각났다. '미적분학의 원조는 누구인가? 뉴턴인가, 라이프니츠인가?' 몇 세기 동안 계속되었던 미적분학의 원조 논란.

"독일 놈이 어디서 네 연구를 베껴서 가져다 썼나 봐."

"국가의 명예가 달려 있어. 항의 편지를 보내자."

친구들이 부추겼지만, 미래에서 온 나는 이 논쟁이 수백 년 동안 이어질 것을 알기에 감정을 소모하고 싶지 않았다.

"미적분학은 내 논문의 극히 일부일 뿐이야. 돌아가서 「프린키피아」 저술이나 마무리하겠어."

친구들의 불만 가득한 표정을 뒤로하고 집으로 향했다.

2주일 정도 지나 내 앞으로 편지가 왔다. 발신인: 고트프리트 라이프니츠. '뭐야, 그 녀석이잖아?' 무슨 일인가 싶어서 편지의 내용을 확인해봤다.

친애하는 아이작 뉴턴, 보내주신 편지는 잘 읽어보았습니다. 당신과 제가 미적분학에 접근하는 방식은 근본적으로 다릅니다. 당신이 오래전부터 미적분학 내용을 연구한 것은 알겠지만, 제 논문 또한 오랜 시간 연구한 결과라는 것을 알아주십시오. 무엇보다 수학적 정리에 내 것 네 것은 의미가 없는 것 같습니다. 수학이란 자연에 파묻혀 있는 진리를 찾아내는 것. 그 진리가 누구의 소유가 될 수는 없겠지요. 그걸 찾고자 하는 의지를 가진 우리는 언제나 적이 아니라 동료입니다. 또한, 당신의 지혜가 감탄스럽습니다. 앞으로 종종 연락하며 서로 도울 수 있다면 이보다 좋을 수 없겠군요.

좋은 친구가 되고 싶은 고트프리트 라이프니츠로부터.

어안이 벙벙했다. '아, 내 친구 놈들 짓이겠군.' 나는 녀석들이 라이프니츠에게 항의 비슷한 내용의 편지를 아이작의 이름으로 보냈으리라 짐작했다. 그리고 다시 편지를 읽어보았다. 구구절절 옳은 말에 고개를 끄덕이며 감동했다. 종이와 펜을 꺼냈다. 이번에는 논문이 아니라 편지를 썼다.

나의 친구 라이프니츠. 제 친구들이 저의 뜻과 다른 편지를 보낸 것 같습니다. 당신의 의견에 동감합니다. 절대로 볼 수 없을 진리의 끝. 우리는 한 걸음 한 걸음 같이 걸어가는 동료입니다. 우리가 함께 디딘 미적분학의 한 걸음이 학계의 큰 진보를 일으킬 수 있으리라 생각합니다. 아니, 확신합니다. 당신의 식견이 필요할 때 종종 연락하겠습니다.

아이작 뉴턴 보냄.

÷ 다시 사과나무 아래로

20여 년의 시간이 지나고 세 개의 운동 법칙을 포함한 수학, 물리 법칙들을 서술한 「프린키피아」 저술이 마무리되었다. 그리고 1687년, 마침내 초판이 발행되었다. 금방이라도 끝날 것 같던 작업이었으나 내 욕심이 더해져 20년간 세 권 분량의 논문으로 완성했다. 어느새 희끗희끗해진 머리. 문득 스승이자 은인인 바로우 교수님이 생각나 그의 무덤을 오랜만에 찾아갔다. 수학을 연구하는 데 평생을 바친 교수님. 이후 나도 모르게 발걸음을 옮긴 곳은 모든 것의 시작이었던 케임

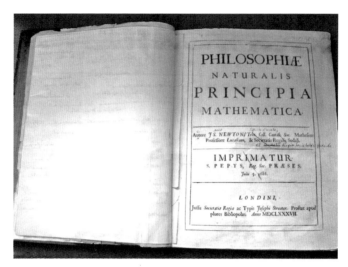

◆뉴턴의 논문 「프린키피아」.

브리지의 사과나무. 이 또한 만유인력의 법칙인 것일까. 시원한 나무 그늘에 누워 잠을 청했다.

　"형탁아, 일어나! 아침 먹어야지!"

파이를 사랑한 소녀

수리과학과 11 **윤성준**

÷ 파이 고등학교에 입학한 수예

"수예야 일어나야지!"

거실에서 어머니의 목소리가 들린다. 월요일 등굣길은 언제나 힘들다. 수예는 이불 안으로 쑥 들어가 몸을 이리저리 비틀다가 끝내 밖으로 나왔다. 거실 식탁에 앉아 초코파이와 우유를 먹으면서 수예는 우물우물했다.

"일오구이육오삼오팔구칠구……."

그러곤 교복을 입고 학교로 발걸음을 재촉했다. 정문에 다다랐을 때 시간을 확인하니 8시 1분이었다. 등교 시간이 8시 3분 14초까지이므로 수예는 무사히 등교한 것이다.

수예는 작년 3월 파이고등학교에 입학했다. 파이고등학교는 초코파이를 최초로 만들었던 이리온 제과의 재단이 설립한 학교이다. 중학생이었던 수예는 초코파이를 너무 좋아한 나머지 고등학교 입시를 치르고 파이고등학교에 입학했다. 파이고등학교에서는 매일 간식으로 초코파이를 나누어주었고, 교실 안은 초코파이로 꾸며져 있었다. 선생님들은 수업 때 초코파이를 늘 가지고 다니다가 학생들에게 칭찬할 일이 있으면 선물로 주었다. 교내 시험에서 우수한 성적을 거두면 상장과 함께 초코파이 한 박스를 주기도 했다. 수예에게 학교는 천국과도 같았다.

그러나 작년부터 우후죽순 늘어난 초코파이 카피 제품으로 이리온 제과는 매출이 급감했다. 결정적으로 작년 7월 부실 경영이 드러나면서 이리온 제과의 주식은 폭락했다. 회사 대표는 회삿돈을 횡령하고 탈세한 혐의로 검찰에 구속되었고, 조사 과정에서 직원들의 월급을 빼돌린 정황도 드러났다. 보다 못한 시민들의 불매 운동이 시작되었다. 결국 회사 대표는 물러났고, 회사의 주식은 휴지 쪼가리가 되었으며, 회사는 상장폐지 되었다.

회사가 폐업하자 파이고등학교는 다른 교육 재단이 들어설 경매에 붙여졌다. 입찰 끝에 『수학의 질서』라는 수학 교육서를 써서 억만장자가 된 홍성배 박사의 재단이 운영하게 되었다. 곧이어 같은 해 10월에 이사회와 교장이 모두 바뀌었고, 파이고등학교 이름의 파이를 살려 명문 고등학교를 만들기 위한 계획이 세워졌다. 초코파이의 파이를 원주율을 나타내는 기호 파이(π)로 바꾸는 것이었다.

교장 선생님이 바뀐 뒤로 수예에게 학교는 지옥이 되었다. 매일 나눠주던 간식은 더 이상 제공되지 않았고, 교실 가득 향긋함을 채우던 초코파이들은 사라졌다. 대신 교실 벽면에 숫자 파이 값이 빼곡히 적혔다. 선생님들은 엄격해졌고 수학의 중요성을 귀가 따갑도록 강조했다. 모든 학생에게 파이 자릿수를 50번째까지 외우도록 강요했다.

÷ 파이 외우기 대회

가을 낙엽이 바람을 타고 교실로 들어왔다. 교과서를 오른손에 들고 책상 사이를 가로지르던 선생님이 낙엽을 밟아 바스락 부서졌다. 교실 다른 쪽에서도 바스락거리는 소리가 들렸다. 수예가 초코파이 봉지를 뜯는 소리였다. 초코파이를 뜯고 입에 넣으려는 순간 선생님에게 발각되고 말았다. 선생님은 수예를 복도로 내보내 손을 들라고 했다. 수예는 조용히 복도로 나왔다. 손을 들고 있다가 다시 몰래 초코파이 봉지를 뜯고 한입 물었을 때, 복도 벽에 붙은 교내 대회 포스터 한 장이 눈에 들어왔다.

'1등 - 초코파이 다섯 박스'

초코파이 다섯 박스라니! 수예는 상품이 초코파이인 것을 확인하고 어떤 대회인지 확인했다.

'파이 외우기 대회'

3월 14일 파이 데이를 맞아 학교에서 파이 외우기 대회를 연다는 공고문이었다.

'이 대회는 무조건 나가야 돼.'

수예는 그날부터 파이를 외우기 시작했다. 등교하면서도 화장실에서도 매일같이 파이를 외웠다. 주야장천 숫자를 중얼거렸다.

3월 14일. 수예는 학교 대강당으로 향했다. 대강당에는 많은 학생들이 파이 외우기 시험을 준비하고 있었다. 자리에 앉은 수예는 초코파이를 한입 물고 외웠던 숫자들을 점검했다. 15시 9분 26초. 시험이 시작되었다. 학생들은 빈 종이 위에 숫자를 빠르게 적어나갔다. 수예도 막힘없이 차분히 숫자를 적었다.

'삼사이일일칠영육칠……'

157개의 숫자를 적었을 때 수예는 연필을 책상에 놓았다.

'이 정도면 되겠지.'

수예는 담임선생님으로부터 1등을 했다는 소식을 들었다. 수예는 뛸 듯이 기뻤다. 교장 선생님은 수예에게 상장과 함께 초코파이 다섯 박스를 부상으로 수여했다. 친구들의 축하 속에서 수예는 초코파이를 한가득 들고 교실로 향했다. 쉬는 시간마다 초코파이를 양손에 들고 먹었다. 수예는 행복했다.

며칠 뒤 수예는 담임선생님의 부름을 받고 교무실로 향했다. 7월 22일에 대전에서 세계적인 파이 애호가들이 모여 파이를 외우는 대회가 열린다는 이야기를 해주었다. 가장 많이 파이의 자릿수를 외운

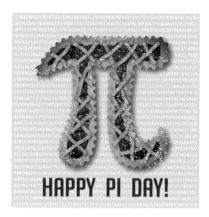

◆3월 14일 파이 데이는 원주율의 근삿값 3.14에 착안해 파이를 기념하는 날이다.

한 명을 시험을 통해 가려낸다고 했다.

"작년도 챔피언은 몇 자리까지 외웠나요, 선생님?"

"1,000자리 정도를 외웠단다."

수예는 당황했다. 1,000자리라니! 교내에서는 160개 정도를 외우고 우승했는데, 거의 여섯 배에 가까운 숫자를 더 외워야 했다.

"우승자는 초코파이를 평생 무료로 먹을 수 있대!"

수예는 참가하겠다고 대답했다.

수예는 방 안 책상 앞에 앉아 골똘히 생각했다. 어떻게 하면 파이를 쉽게, 많이, 실수하지 않고 외울 수 있을까? 인터넷으로 파이와 관련된 정보를 수집했다.

$$\frac{223}{71} < \pi < \frac{22}{7}$$

'아 대회가 7월 22일에 열리는 이유는 7분의 22가 파이의 근삿값에 가까운 분수라서 그렇구나!'

위의 부등식은 고대 그리스의 수학자 아르키메데스(Archimedes)가 발견한 파이의 범위였다. 수예는 파이 자릿수를 까먹을 것을 대비해 노트에 받아 적었다. 그리고 더 검색해보기로 했다.

$$\frac{\pi^2}{6} = \sum_{n=1}^{\infty} \frac{1}{n^2}$$

위의 식은 오일러가 발견했으며 완전제곱수의 역수들의 합이 파이와 관련됨을 보여주는 식이다. 그러나 수예는 이 공식이 파이의 제곱 형태를 보이므로, 자릿수를 계산하는 데는 유용하지 못할 것 같다고 생각했다.

$$\frac{\pi}{4} = 1 - \frac{1}{3} + \frac{1}{5} - \frac{1}{7} + \frac{1}{9} - \cdots\cdots$$

1680년경에 라이프니츠에 의해 발견된 라이프니츠 급수이다. 계산이 간단하기 때문에 대회에서 쓸모 있을 것이라 생각하고 노트에 적었다. 그 외에

$$\frac{2}{\pi} = \frac{\sqrt{2}}{2} \cdot \frac{\sqrt{2+\sqrt{2}}}{2} \cdot \frac{\sqrt{2+\sqrt{2+\sqrt{2}}}}{2} \cdots\cdots$$

1593년 발견된 프랑스의 수학자 프랑수아 비에트(François Viète)의
공식

$$\frac{\pi}{4} = 4\arctan\frac{1}{5} - \arctan\frac{1}{239}$$

1706년 발견된 영국의 수학자 존 마친(John Machin)의 공식

$$\frac{1}{\pi} = \frac{2\sqrt{2}}{9801}\sum_{n=0}^{\infty}\frac{(4n)!(1103+26390n)}{(n!)^4 396^{4n}}$$

1914년 인도의 수학자 라마누잔(Srinivasa Ramanujan)이 증명한 공식 등 파이를 표현할 수 있는 다양한 공식에 경외감을 느꼈다. 단순히 원의 둘레를 지름으로 나눈 수치로 알고만 있었는데, 조금만 검색해봐도 그렇지 않았다. 어떻게 원주율이 오일러가 발견한 것처럼 완전제곱수의 역수들의 합과 관계가 있으며, 또 비에타의 공식같이 루트 2의 무한 곱으로 표현될 수 있는 걸까? 또, 라마누잔이 발견한 것처럼 왜 원주율은 저런 복잡한 식으로 나타날까? 검색하면 할수록 수예는 파이가 수학에서 중요한 수라는 사실을 알게 되었고, 그런 파이를 이름으로 가지고 있는 학교가 자랑스러웠다.

➗ 결전의 날

드디어 7월 22일. 결전의 날이 다가왔다. 대전 카이스트에 파이를 사랑하는 사람들이 속속히 모여들었다. 곧 파이의 자릿수를 누가 더 많이 아는지를 겨루는 세계적인 대회가 시작되었다. 대회는 컴퓨터를 이용하여 진행되었다. 수예는 마음을 가다듬고 차분히 숫자를 타이핑했다.

'오팔이영구칠사구사……'

숫자를 누르던 수예는 멈칫했다. 긴장한 나머지 아직 50여 개의 숫자밖에 입력하지 못했다. 다음 숫자들이 기억나지 않았다. 차분히 심호흡을 하고 머리를 굴렸다.

'연속된 증가하는 숫자 두 개였던 것 같은데…… 67? 78?'

숫자 두 개는 67 아니면 78인 것 같았다. 그러나 둘 중에 어떤 것이 정답인지는 확신할 수 없었다. 고민하던 수예는 끝내 노트에 적었던 수학 공식으로 파이를 계산하여 긴가민가한 숫자가 어떤 수인지 알아보기로 결정했다. 파이의 근사를 구하기 위한 여러 가지 방법 가운데, 라이프니츠 급수 방법을 선택해 계산에 들어갔다. 계산을 끝낸 수예는 속으로 외쳤다.

'78이었구나!'

7과 8을 타이핑한 수예는 자신감 있게 막힘없이 다음 숫자들을 입력해나갔다. 그렇게 500자, 1,000자가 넘는 숫자들이 수예의 손끝에서 기록되고 있었다.

시험이 끝나고 컴퓨터가 자동으로 채점했다. 수예는 초코파이를 먹으며 긴장감 속에서 결과를 기다렸다.

"1분 뒤에 결과를 발표하겠습니다."

발표 예정을 알리는 관계자의 목소리가 들리자 수예의 숨은 더욱 가빠졌다.

"우승자는 김수예입니다."

수예는 환호성을 질렀다. 같이 온 부모님과 부둥켜안고 엉엉 울었다. 해냈다는 성취감도 있었지만, 앞으로 초코파이를 마음껏 먹을 수 있다는 생각에 너무 행복했다. 수예는 이제 파이를 누구보다 정확히 아는 사람이 되었다.

수예가 파이 대회에서 우승한 이후, 파이고등학교는 비리 재단의 불명예를 이겨내고 학부모들과 학생들에게 수학영재고등학교로 알려졌다. 많은 학생이 파이고등학교에서 파이의 자릿수를 외웠고, 파이가 어떤 수인지 배웠다. 또, 파이를 통해 수학의 아름다움을 이해하고 더 큰 호기심이 생겼다.

수예는 수학 분야에서 세계적으로 유명한 카이스트 수리과학과에 진학했다. 이후 대학원에 진학해 파이라는 수를 심도 있게 연구하겠다는 당찬 포부도 가지고 있다. 도서관 앞 벤치에 앉은 수예는 한입 베어 먹은 초코파이를 들고 있다. 그리고 파이가 무리수임을 증명하는 미국의 수학자 아이반 니븐(Ivan M. Niven)의 증명법을 읽고 있다. 수예는 두 파이를 온 몸으로 음미하고 있다. 한참을 쳐다보다가 이내 눈을 감은 수예는 파이고등학교에서 잊지 못할 추억을 다시금 떠올리며, 오늘도 파이를 사랑한다.

아트 매쓰(ART MATH)

생명화학공학과14 **김현서**

때는 2009년 초등학교를 졸업하고 막 중학교에 입학하던 시기였다. 중학교에 입학한 뒤로는 시나 도 단위로 열리는 수학, 과학 관련 프로그램을 접할 기회가 많았다. 당시에는 수학, 과학을 좋아하지 않았던 터라 프로그램에 관심이 없었지만, 조기 교육을 사랑하는 부모님 때문에 어쩔 수 없이 프로그램에 참여했다. 많은 프로그램 가운데 교육청에서 주관하는 '영재 교육원'이라는 프로그램을 했다. 영재 교육원 프로그램은 간단히 말해 지역에서 수학, 과학에 재능 있는 중학생들이 모여 대학 교수나 유명한 강사에게 수업을 듣는 프로그램이었다. 뿐만 아니라 탐구 주제를 하나 정해 마지막에 발표하는 활동도 있었다. 당시 나는 수학을 단순히 공식을 외우고 이해해 문제를 푸는 고리타분한 학문이라고 생각해 발표 주제를 정하는 데 어려움을 겪었다. 그런 나를 보고 답답했는지 교수님은 책 하나를 던져주었는데, 수학 공식이 적혀 있는 책이 아니라 그림책이었다.

책의 주제는 라인 디자인이었는데 '선'을 이용해 창작한 아름다운 디자인의 많은 예를 보여주었다. 이 책을 읽으면서 '아…… 이런 것도 수학이라고 부를 수 있구나'라고 생각했고 수학을 고리타분한 학문이라고만 생각하던 나는 신선한 충격을 받았다. 그 후 라인 디자인을 주제로 하는 2주간의 발표 준비 기간은 내가 지금까지 수학 관련 활동 중에 가장 재미있게 몰입한 시간이었다. 이때 좀 더 수학을 친근한 느낌으로 받아들일 수 있었던 것 같다.

예전의 나처럼 수학을 고리타분한 학문으로만 생각하는 학생들이 많을 것이다. 다양한 미술 작품에 드러난 수학과 미술의 관련성을 알면 생각이 바뀔 것이다. 그럼 수학의 색다른 얼굴을 함께 살펴보자.

÷ 수학, 다양한 요소의 집합체!

먼저 수학을 구성하는 요소를 생각해보자. 수학은 많은 요소로 구성되어 있다. 크게는 기하학적인(Geometrical) 요소와 대수학적인(Algebraic) 요소로 나눌 수 있다. 먼저 기하학적 요소에는 가장 작은 '점', 점들이 모여서 만들어진 '선', 그 선들이 모여 만들어진 '면(평면 도형)', 그리고 그 면들이 입체적으로 모여 만들어진 '공간 도형'이 있다. 둘째로 대

수학적 요소에는 x, y, π, θ와 같은 '문자'들과 $\leq$, $\supset$, $\pm$와 같은 '기호'들이 있고 문자와 기호가 조합되어 만들어진 방정식, 부등식과 같은 '식'이 있다. 수학자들이 만든 '공식'이라는 이름의 요소도 포함된다. 기하학적 요소와 대수학적 요소로는 정의하기 힘들지만, 대수학적 요소를 기하학적 요소로 표현하는 '그래프(graph)'가 있고 수학을 배우면서 알게 되는 '이론(theory)'도 수학을 이루는 하나의 요소이다. 좀 더 세밀하게 분류하다보면 수학을 구성하는 요소를 끝도 없이 말할 수 있다.

이렇듯 다양한 요소를 지니는 수학은 예전부터 미술과 매우 밀접한 관계를 맺고 있었다. 우리가 흔히 아는 르네상스 시대, 바로크 시대, 그리고 17세기 이후의 근대 서양 미술가들은 거의 수학에 능통한 수학자였다고 한다. 미술가들은 공간 자체를 기하학적, 대수학적으로 이해하고 그런 수학 지식을 통해 작품을 만들었다. 미술 학교에서 수학 이론을 가르칠 정도로 수학은 미술을 위한 필수 학문이었다.

이제 기하학적 요소와 대수학적 요소, 그리고 여러 수학의 이론이 미술과 어떤 관계를 맺고, 또 미술에 어떻게 적용되는지 여러 작품을 통해 살펴보자.

÷ 예술성 강조의 도구로 사용된 점, 선, 면

사실 점, 선, 면과 같은 기하학적 요소는 미술에서 없어서는 안 되는

◆조르주 피에르 쇠라의 「아니에르의 물놀이」. 점으로만 구성된 점묘화이다.

기본 조건이다. 여기서는 점, 선, 면을 이용해 예술성을 더욱 강조시킨 작품을 소개하고자 한다.

화가의 이름과 그림의 제목은 생소하지만 한 번쯤 보았을 법한 유명한 작품이 있다. 바로 점묘 화법의 대가인 화가 조르주 피에르 쇠라 (G. P. Seurat, 1859~1891)의 「아니에르의 물놀이」라는 작품이다. 이 작품은 아무런 선도 사용하지 않고 오로지 점으로만 그린 그림이라는 점에서 큰 의미가 있다. 이 작품 이전에는 점으로만 작품을 완성한 사례는 없었다.

다음으로 근대 화가인 폴 시냐크(P. Signac, 1863~1935)의 「우물가의 여인들」이라는 작품이 있는데, 점묘법을 사용함과 동시에 기하학적

◆에드바르 뭉크의 「절규」. 곡선을 이용해 불안한 느낌을 잘 표현했다.

요소인 선을 특히 강조해 작품의 아름다움을 극대화했다. 폴 세잔(P. Cezanne, 1839~1906)의 「카드놀이 하는 사람들」에서도 기하학적 요소를 강조한 것을 볼 수 있다. 세잔은 사물을 구, 원추, 원기둥처럼 기하학적 형태로 파악했는데, 작품에 고스란히 나타난다. 「카드놀이 하는 사람들」에서는 두 남자의 모자를 원통형과 반구로 나타냈고, 남자의 무릎을 구 모양으로 표현하는 등 기하학적 요소를 강조했다. 19세기 후반에 들어서 초현실주의가 전개되기 시작했는데, 대표적인 화가인 노르웨이의 에드바르 뭉크(E. Munch)는 「절규」에서 기하학적 요소인 곡선을 이용해 작품이 전달하고자 하는 불안한 느낌을 잘 표현했다. 또다른 초현실주의적 작품인 미국의 미술가 브리젯 라일리(B. Riley,

1931~)의 「반듯한 곡선」에서는 삼각형의 '빗변'들이 모여 하나의 곡선을 형성하는 것을 볼 수 있다.

또 기하학을 염두에 두고 점, 선, 면을 활용한 새로운 디자인 기법들이 대거 등장하는데, 대표적인 디자인 기법으로 위에서 잠시 언급한 '라인 디자인'과 '프랙털' 기법이 있다. '라인 디자인'은 여러 개의 선을 어긋나게 그려서 곡선의 형태로 만드는 기법이다. 서로 다른 크기와 형태의 곡선을 만들어 여러 디자인에 활용하고 있다. '프랙털' 기법은 면을 이용한 미술로, 똑같은 모양의 면을 크기만 다르게 해서 붙여나가는 기법이다. 프랙털을 이용한 대표적인 작품에는 마우리츠 코르넬리스 에셔(M. C. Escher, 1898~1972)의 「원의 극한 4」가 있다. 에셔는 중심을 기준으로 크기만 다르고 모양은 같은 도형이 무한히 퍼져나가고 있는 '프랙털' 기법을 이용해 천사와 박쥐를 연상시키는 작품을 만들어냈다.

÷ 문자, 기호, 식의 아름다움

대수학적 요소가 적용된 작품들은 무엇이 있을까? 대표적으로 고대 그리스 시대에는 신을 모시는 신전, 조각상 등의 미술 작품들이 있다. 그리스의 미술은 비례에 의한 조화미를 매우 중요하게 생각했다. 조화미가 반영된 대표적인 작품은 흔히 알고 있는 「파르테논 신전」과 「비너스 여신상」이다. 그리스 시대 미술의 또 다른 특징은 자연주의였

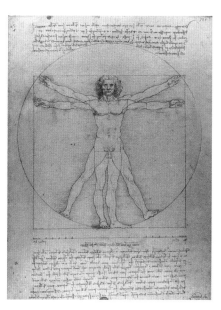

◆레오나르도 다빈치의 「비트루비우스적 인간」.
인체는 비례의 모범형이라는 다빈치의 주장이 잘 드러나 있다.

다. 그리스인들은 자연을 관찰한 결과 정오각형에서 '황금비'를 찾는
다. '황금비'는 $x^2-x+1=0$의 식을 통해 구한 해 $x=\dfrac{1+\sqrt{5}}{2}$로 얻
게 되는데, 한 변과 다른 변의 황금적인 비율이 $1:\dfrac{1+\sqrt{5}}{2}$ 라는 것을
말한다. 직사각형에서 가로와 세로 비가 황금비를 이루는 경우 이 직
사각형을 '황금 사각형'이라고 불렀다. 「파르테논 신전」에서 '황금 사
각형'을 찾을 수 있다고 한다. 「비너스 여신상」에서도 신체 구조가 황
금비를 이루고 있다고 한다.

비례와 미술의 관계는 그리스 시대 이후에도 계속 나타났다. 레오
나르도 다빈치(Leonardo da Vinci, 1452~1519)의 「비트루비우스적 인간」

이 대표적인 작품이다. 「비트루비우스적 인간」은 「모나리자」와 함께 다빈치의 주요 업적으로 꼽히는 작품이다. '인체는 비례의 모범형'이라는 다빈치의 주장을 어떤 작품보다 잘 드러낸 까닭이다. 이렇게 대수학적 요소인 '식'을 통해 이상적인 비율을 구해서 작품의 아름다움을 극대화했다.

현대에 들어서는 수학의 기호를 미술 언어로 사용한 경우도 등장했다. 베르나르 브네(B. Venet, 1941~)라는 미술가는 "수학을 잘 알지 못한다"고 말하면서 "모르는 것에 매력을 느끼기 때문에 수학 기호를 미술의 언어로 선택했다"고 했다. 그의 대표적인 작품으로는 「포화 1」 「정사각형의 대각선 계산」 등이 있다. 실제로 작품 사진을 보면 그림이라 일컬을 만한 형상은 없고 부등식, 방정식, 공식, 여러 수학 기호들이 쓰여, 아니 그려져 있다. 「정사각형의 대각선 계산」이라는 작품은 정사각형 모양의 캔버스에 대각선을 긋고 정사각형 한 변의 길이를 a 라 적어놓았다. 그리고 대각선 길이는 피타고라스의 정리를 이용해 $2\sqrt{a}$ 라고 적었다. 한 변과 빗변이 이루는 각도는 $45°$로 표현해놓았다. 그게 전부다. 베르나르 브네의 작품을 처음 보는 사람이라면 아마 누구든 충격을 받을 것이다. '이게 그림이야?'라는 생각과 함께 말이다. 그럼에도 브네의 작품은 현대 미술로 인정받는다. 수학의 기호 자체가 매력적인 시각 예술이 될 수 있다는 것이다.

÷ 수학 교과서에서만 보던 이론, 너희가 왜 거기서 나와?

마지막으로 기하학적 요소, 대수학적 요소로는 정의하기 모호하지만, 수학 공부를 하면서 접할 수 있는 '이론'이 사용된 미술 작품들을 소개하려고 한다.

20세기 초현실주의 화가 중에 르네 마그리트(R. Magritte, 1898~1967)라는 사람이 있다. 마그리트의 「이미지의 배반」이라는 작품을 보면 파이프 하나가 그려져 있고 그림 밑에 '이것은 파이프가 아닙니다'라는 짧은 문장이 쓰여 있다. 마그리트는 "어떤 사람이 글에서 말한 파이프가 실제로 만질 수 있는 파이프라고 생각했을 때는 글이 거짓이 되고 어떤 사람이 단순히 그려져 있는 그림이 파이프인지 아닌지 생각했을 때는 글이 참이 된다"는 생각을 파이프 그림과 글을 통해 표현하고자 했다고 한다. 여기서 마그리트는 수학에 나오는 이론 중 흔히 잘 알고 있는 명제의 참과 거짓의 원리를 미술 작품에 대입한 것이다.

우리나라의 정승운 작가는 피보나치 수열을 「무제」라는 작품 속에 대입했다. 피보나치 수열은 이탈리아의 수학자 피보나치가 발견한 수열로, 연속한 두 숫자를 더하면 다음 숫자가 되는 규칙을 가진다(1, 1, 2, 3, 5, 8······). 작품을 보면 '숲'이라는 글자와 '집'이라는 글자가 반복적으로 나타나고 있다. '숲'과 '집'이라는 글자가 피보나치 수열로 나열되어 있다. (숲 집 숲 집 숲숲 집집 숲숲숲 집집집······) 정승운 작가는 '집'을 인간, '숲'을 자연으로 빗대어 똑같은 개수로 나열하면서 자연과 인간이 조화를 이루어야 한다는 점을 표현하고자 했다. 또 피보나치 수열이 작품성을 더하는 데 중요한 요소로 작용했다고 한다.

÷ 미술, 그것은 수학의 부분집합!

지금까지 여러 작품을 통해 점, 선, 면, 식, 기호, 수열, 명제와 같은 수학이 미술의 필수적인 구성 요소로 활용되어 아름다운 작품으로 완성된 사례를 살펴보았다. 수학이 미술을 구성하는 요소로 보이기는 하지만, 나는 수학이라는 학문 안에 미술이라는 하나의 분야가 포함되어 있다고 생각한다. 일반적으로 학생들은 수학 공부를 하면서 수학 안에 미술이라는 부분을 찾지 못한다. 그래서 대부분 어렸을 적 나처럼 수학을 단순히 '공식 외우기' '문제 풀기' 같은 활동만 하는 재미없는 학문으로 생각한다. '수포자'라는 표현이 괜히 나오는 게 아니다. '자세히 보아야 예쁘다'라는 말이 있다. 수학도 그렇다. 단순히 '근의 공식은 2에이 분의 마이너스 비 플러스 마이너스 루트 비 제곱 마이너스 4 에이 씨이다'처럼 공식만 외우려 하지 말고 다른 관점에서 수학을 바라보면 수학의 아름다운 부분을 볼 수 있을 것이다. 뿐만 아니라 수학에 대한 거리감도 줄일 수 있다. 나아가 수학을 이용한 자기만의 창의적인 미술 작품을 만들어보는 것은 어떨까?

수학은 사랑을 싣고

생명화학공학과 15 **박준길**

도대체 왜 배워야 하는 걸까? 이런 건 배워서 어디에 쓸까?

　수식이 칠판을 빼곡히 메워가고 나의 뇌가 그것을 거부할 때 즈음, 마음속 깊은 곳에서 피어 나오는 질문이었다. 솔직히 사칙연산 말고는 실생활에서 쓸 일도 없지 않은가. 어렵고 복잡하기만 한 수학, 왜 배워야 한단 말인가. '수포자'들이 생기는 이유도 같은 맥락이 아닐까 싶다. 수학을 배울 필요성이 느껴지지 않기 때문이다. 하지만 수학이 연애, 나아가 결혼을 하는 데 도움이 된다면 어떨까. 눈이 번쩍 떠지지 않는가! 앉아서 수학책만 펴도 동기 부여가 마구 될 것이다. 실제로 수학을 통해 사람과 사람 사이의 관계를 연구한 결과가 많이 나오고 있다. 놀랍게도 사랑하는 데 수학이 큰 도움이 된다고 입을 모아 말한다. 이제부터 당신이 지루해했던 수학이 당신의 관심 1순위인 '사랑'에 어떻게 도움이 되는지 알아보자.

➗ 미팅 성공 확률 높이기

대학생의 로망에는 어떤 것이 있을까? 글쓴이의 자체 조사 결과, 1위로 '미팅'이 꼽혔다. 학기 초가 되면 같은 학교 안에서 다른 과끼리(이른바 '과팅'), 아니면 다른 학교끼리 미팅을 주선하느라 대학가는 분주해진다. 미팅은 처음 만난 대학생끼리 어색하지 않게 만날 수 있는 좋은 방법이다. 신입생이라면 누구나 미팅 한 번쯤 하고 싶어 하고, 이를 통해 좋은 상대를 만나는 것을 꿈꾼다. 실제로 주변의 많은 친구가 미팅을 통해 커플이 되는 것을 목격한다. 연애를 위한 등용문, 미팅. 이렇게 중요한 미팅에서 수학을 이용해 성공 확률을 높일 수 있다면 믿을 수 있겠는가? 고지마 히로유키는 『세상은 수학이다』에서 미팅의 성공 확률을 높이는 방법을 소개했다.

다음 상황을 생각해보자. 남자 n명과 여자 n명이 미팅을 한다. 미팅이 끝나면 남녀가 각자 한 명씩 마음에 드는 이성을 지목하고 서로를 지목한 남녀는 커플이 된다. 이때 남녀가 각자 지목하는 이성에는 겹침이 없다고 가정하자(이는 아주 현실적인 가정이다. 그렇지 않을 경우 분쟁이 일어날 수 있다). 여기서 '성공한 미팅'은 커플이 된 남녀가 최소 한 쌍 이상 존재하는 미팅이라 정의하자. 일단 미팅 자체가 성공한 미팅이어야 당신도 짝을 만날 가능성이 조금은 있다. 그렇다면 당신이 속한 미팅이 성공할 확률은 얼마일까?

앞서 남자 n명과 여자 n명이 미팅에 참여했다고 했다. 여기서 주목할 점은 바로 이 n이다. 몇 명이 미팅에 참여하느냐가 미팅의 성공 여부에 영향을 준다. 모 TV 프로그램처럼 남자 n명과 여자 n명을 각각 '1호'부터 'n호'까지로 칭하자. 일반성을 잃지 않고, 남자들은 모두 각자 마주 보고 있는 여자를 선택했다고 하자. 즉, 남자 1호는 여자 1호를, 남자 2호는 여자 2호를, 남자 n호는 여자 n호를 선택한 상황이다. 이제 여자들의 선택에 따라 미팅의 성공 여부가 결정된다. 여자 1호가 남자 1호를 선택해 1호 커플이 이뤄질 확률은 $\frac{1}{n}$이다. 이는 n호 커플까지 마찬가지다. 그렇다면 미팅이 성공할 확률은 이를 모두 더한 $\frac{1}{n} \times n = 1$일까? 그렇다면 좋겠지만 아쉽게도 아니다. 각각의 커플이 생성되는 사건은 서로 독립적이지 않다. 따라서 여러 커플이 동시에 생기는 경우들을 고려해 빼줘야 한다. 임의의 두 커플이 이뤄질 확률은 $\frac{1}{n \times (n-1)}$이다. 또한 n개의 커플 중에 두 커플을 선택하는 경우의 수는 $_nC_2$이다. $_nC_2$는 서로 다른 n개 중에서 2개를 고르는 경우의 수를 의미하며 $_nC_2 = \frac{n \times (n-1)}{2!}$로 계산된다. 따라서 두 커플이 생기는 확률은 $\frac{1}{n \times (n-1)} \times _nC_2 = \frac{1}{2!}$와 같이 표현된다. 이를 전체에서 빼주면 끝일까? 이번에는 너무 많이 뺐다. 세 커플이 동시에 이루어질 확률을 더해줘야 한다. 이렇게 계산을 계속하면 아래와 같은 최종 결과를 얻게 된다.

$$미팅 성공 확률 = 1 - \frac{1}{2!} + \frac{1}{3!} - \frac{1}{4!} + \cdots\cdots + (-1)^{n-1}\frac{1}{n!}$$

이를 통해 얻을 수 있는 교훈은 무엇일까? 위의 확률을 살펴보면 짝수 항은 빼지고 홀수 항은 더해진다는 것을 알 수 있다. 따라서 미팅 인원이 한 명씩 증가할 때, 홀수에서 짝수가 되면 성공할 확률이 줄어들고, 짝수에서 홀수가 되면 성공 확률이 증가한다. 응용을 해보자. 본인을 포함해 세 명의 친구와 미팅에 나가기로 했다. 미팅 하루 전, 또 다른 친구 하나가 자신도 끼어달라고 한다. 이때 당신의 반응은? 그렇다. 무조건 막아야 한다. 그 친구는 미팅의 성공 확률을 떨어뜨리는 악한 존재이다. 만약 3명이 아니라 4명이었다면? 선심 쓰는 척 같이 가주자. 방금 미팅의 성공 확률이 조금이나마 올랐다(당신이 짝을 만날지 아닐지는 또 다른 문제지만……).

÷ 최적의 배우자 찾는 방법

미팅뿐만 아니라 결혼에서도 수학은 직접적인 도움을 준다. 인생에서 가장 중요한 결정은 배우자를 선택하는 것이 아닐지. 인간은 몇 번의 연애를 하고 그중 남은 인생을 함께할 동반자를 결정한다. 대단히 중요한 선택이라 많은 고민이 따른다. '이 사람만큼 좋은 사람은 다시는 내 인생에 없을 거야!'라는 확신과 '혹시 미래에 더 좋은 상대방이 나타나진 않을까?' 하는 걱정이 대립한다. 생각만 해도 힘든 결정이 아닐 수 없다. 이러한 중요한 선택을 앞두고 있을 때, 당신은 주로 누구에게 조언을 구하는가. 친구들? 친구들은 제 앞가림도 못하고 있을 수 있다. 친구보다 믿음직한 조언자가 있다. 바로 수학이다.

우리가 평생 n명의 상대와(또 n이 등장했다) 연애를 할 수 있다고 하자. 그리고 이미 헤어진 연인과는 다시는 이루어질 수 없다고 가정하자. n명의 상대 가운데는 이상형에 가장 근접한 한 명이 있을 테고, 누구나 그 사람과 이뤄지길 바랄 것이다. 편의를 위해 그 사람을 '인연'이라 부르자. 생각보다 인연을 배우자로 선택하기는 쉽지 않다. 현재 만나고 있는 상대가 아무리 마음에 들어도 인연은 아직 나타나지 않았을 수 있다. 반대로 인연을 만나기 위해 계속 새로운 상대를 찾아나선다면 그 과정에서 '인연'을 떠나보낼 수도 있다. 만약 첫 번째 연애 상대를 바로 배우자로 선택했다고 하자. 그 사람이 인연이었을 확률은 $\frac{1}{n}$에 불과하다. 당신은 아직 인연을 만나지 못했을 확률이 높다. 마지막 n번째 상대를 선택한다면? 확률은 역시 $\frac{1}{n}$이다. 높은 확률로 당신은 이미 인연을 떠나보냈을 것이다. 그렇다면 어떤 선택을 해야 인연과 이어질 수 있을까?

한나 프라이 런던대학 교수는 TED 강연에서 수학을 통해 배우자 선택 문제에 대한 최선의 해결책을 내놓았다. 그녀가 제시한 방법은 다음과 같다. 처음 r명의 상대에게는 무조건 퇴짜를 놓아라. 그리고 이후에 만나는 사람 중 앞서 만난 사람보다 나은 사람이 있으면 그 사람을 선택하는 것이다. 상당히 현실적인 전략으로 보인다. r명을 만나는 동안 이성 경험을 쌓고, 이후 그들보다 좋은 사람이 나타나면 바로 배우자로 선택하는 것이다. 떠나보낸 앞선 r명에 대해 그들을 '탐색(어감이 좋지 않다)'했다고 하자. 그렇다면 몇 명의 사람을 탐색하며 떠나보내야 최선의 결과를 얻을까? 이렇게 최선의 결과를 얻고자 어떤 행동을 취할 순간을 결정하는 문제를 '최적의 정지 이론'이라 한다. 결과적으로, 이 이론에서 n명의 상대 중 처음 r명을 탐색할 때 최종적으로 '인연'을 만날 확률은 다음과 같다.

$$인연을 \ 만날 \ 확률 = \frac{r}{n}\sum_{i=r+1}^{n}\frac{1}{i-1}$$

(r=0인 경우, 분모가 0이 되어 위의 식이 정의되지 않는다. 이 경우에는 앞서 말했듯이 확률은 $\frac{1}{n}$ 이다) 우리가 해야 할 일은 이 중 가장 높은 확률을 얻을 수 있는 r값을 찾는 것이다. r값을 찾는 과정은 미적분을 필요로 하니 독자의 흥미를 유지하기 위해 여기서는 다루지 않겠다. 결과를 말하자면, r이 $\frac{n}{e}$인 경우에 확률은 최고점을 찍는다. 이때 e는 오일러 상수로 2.71828……으로 시작하는 무한소수이다. 결과를 말하자면, r이 n의 약 37%인 경우에 인연을 만날 확률이 가장 높다는 것이다. 이 결과를 실제 상황에 적용해보자. 만약 총 10명과 연애를 할 수 있다면 처음 4명까지는 퇴짜를 놓고 이후에 만나는 사람 중 이들보다 괜찮은

첫 번째 사람을 선택하는 것이 최선이다. 이 결과를 들은 당신이 지금 바로 해야 할 일은 무엇일까? 먼저 자신이 평생 만날 수 있는 연인의 수를 예측하자. 이 예측이 정확할수록 정확한 결과를 가져온다. 따라서 자신에게 너무 관대하지 말고 솔직해지길 바란다. 그 후 그 수에 0.37을 곱한다. 그 숫자까지는 연애하되 눈물을 머금고 연인을 떠나보내라. 이후 앞선 상대들보다 더 괜찮은 사람이 나타난다면? 주저하지 말고 청혼하자.

÷ 수학을 통해 이혼까지 예측한다?

지금까지 수학적으로 배우자를 선택하는 방법을 알아보았다. 하지만 결혼을 했다고 끝이 아니다. 결혼한 뒤 가장 중요한 것은 무엇일까. 그렇다. 이혼하지 않는 것이다. 아시아 이혼율 1위 국가인 대한민국에 사는 이상, 한 번쯤 걱정해볼 만한 문제이다. 이혼하지 않는 것에도 수학이 도움을 줄 수 있을까? 놀랍게도 수학을 이용해 커플들의 이혼 가능성을 예측한 연구 결과가 존재한다.

1999년 심리학자 존 가트맨과 수학자 제임스 머레이는 신혼부부를 대상으로 다음과 같은 연구를 진행했다. 그들은 부부에게 센서를 부착하고, 15분 동안 특정 주제를 가지고 토론하게 했다. 돈, 육아, 시댁 문제 등 열띤(!) 토론이 가능한 주제였다. 이 과정에서 그들은 부부의 대화에 주목했다. 오가는 긍정적인 표현, 부정적인 표현, 서로에 대한 반응을 관찰해 점수를 매겼다. 그리고 점수를 다음의 수학 모델에 대입했다.

$$W_{t+1} = I_{HW}(H_t) + r_1 W_t + a, \qquad H_{t+1} = I_{WH}(W_{t+1}) + r_2 H_t + b$$

여기서 W와 H는 각각 부인과 남편의 행동 점수를 나타내고 I는 각자의 상태가 서로에게 영향을 미치는 정도를 나타낸 함수이다(이 모델에 대해 자세히 알고 싶으면 존 고트만의 저서를 참고하자). 고트만에 따르면, 모든 부부의 대화는 저마다 패턴이 존재하고, 불행한 부부에게는 냉소, 경멸, 회피 등의 공통적인 특징이 발견됐다고 한다. 이를 바탕으로 실험에 참여한 부부들의 12년 뒤 이혼 여부를 예측했고, 무려 94%의 정확도를 보였다. 수학은 부부의 이혼까지도 예측해낸 것이다! 수학의 능력을 목격하고도, 수학이 사랑에 도움이 된다는 것을 믿지 않는 독자는 없길 바란다.

지금까지 수학이 어떻게 당신의 사랑에 도움을 줄 수 있는지 알아보았다. 먼저 미팅 참여 인원을 조정해 미팅의 성공 확률을 높일 방법을 소개했다. 다음으로 결혼 상대를 정할 때 수학적인 최적의 방법을 알아보았다. 마지막으로 수학 모델을 이용해 부부의 이혼 가능성까지 예측한 사례를 살펴보았다. 놀랍지 않은가! 수학은 이처럼 전지전능해 사람들의 사랑에까지 영향을 준다. 이제 충분히 수학 공부를 해야 하는 동기가 부여되었길 바란다.

하지만 풀리지 않는 미스터리가 하나 존재한다. 나는 현재 카이스트 학부 과정에 재학 중이다. 카이스트는 대한민국에서 수학을 제일 잘하는 사람들이 모여 있다고 해도 과언이 아닌 학교이다. 지금까지 살펴본 결과에 따르면, 수학은 분명 사랑을 하는 데 도움을 준다. 그렇다면 카이스트 학생들은 모두 '연애 박사'일까? 지금까지 관찰한 결과로는 그렇지 않았다. 오히려 정반대의 결과를 보였다. 카이스트 학생들의 수학 실력과 연애의 상관관계는 앞으로도 풀리지 않을 미스터리일 것 같다.

전산학부 13 안정미

제 글을 읽은 분은 아시겠지만, 사실 저는 수학과 '관계가 조금 있는' 글을 썼습니다. 카이스트 학생들의 생생한 수학 이야기와는 조금 거리가 멀다고 할 수 있는 글입니다. 처음 내사카나사카에 글을 제출하기 위해 워드를 켰을 때는 고등학교 때 수학을 싫어했던 이야기를 쓸까 했습니다. 과학고등학교에서 수학 4, 5, 6등급을 받고 카이스트에 온 이야기를 쓰려고 했는데 쓰다보니 너무 재미가 없더군요. 그래서 제출만 하면 되지라는 마음으로 제가 좋아하는 주제로 글을 써 내려 갔습니다. 그리고, 놀랍게도 여기까지 왔습니다. (이 모든 영광을 정하늬 교수님께 돌립니다.)

수학은 흥미로운 학문이고, 글을 쓰는 것 또한 흥미로운 작업입니다. 그렇기 때문인지 카이스트 학생들의 재기발랄하고 수학으로 가득찬 글들을 편집하고 정리하는 것 또한 흥미로웠습니다. 원고들을 읽는 내내 전산학이라는 0과 1의 이산적인 세상에서 잠시 벗어나 실제 사람들의 이야기를 읽어내리면서 연속적인 감정들을 공감하고 이해하는 순간의 연속이었습니다. 그리고 제가 왜 수학을 두려워했었는지 다시 한 번 생각하게 되었습니다. 그런 재고의 순간들 앞에서 이 책을 세상에 나올 수 있게 도와주신 모든 분들께 감사하다는 생각을 했습니다. 부디 이 책이 많은 사람에게 수학에 대해 재고할 기회가 되기를 바랍니다.

마지막으로 편집장으로서 편집위원 여러분께 감사의 인사를 전합니다. 모두 수고하셨습니다.

기계공학과 14 박주호

본교 인문사회과학부에서 주최한 글쓰기 대회를 통해 우연한 기회에 책을 출판하는 영예를 얻게 되었습니다. 미숙한 솜씨로 글을 수록하는 만큼 책을 엮는 데에는 보탬이 되고 싶다는 생각이 제가 학생편집자로 활동하게끔 이끈 것 같습니다.

초고를 쓸 때, 그리고 편집을 위해 다른 원고들을 톺아볼 때, 흥미롭다가도 애잔함이 느껴지는 순간이 줄곧 있었습니다. 이학 또는 공학을 공부하는 학생들과 수학 공부와의 상관관계는 단순히 좋고 싫어하는 '호불호의 한 자리 이진 표현'을 넘어 '복잡한 고차 방정식'의 양상을 띠고 있었기 때문이지요.

그렇기 때문에, 저는 우리 학우들의 원고 중 그 어떤 작품도 '쉽게 쓰이지' 않았다고 생각했습니다. 투박한 표현과 문학적인 고려가 부족한 발상이 누군가의 관점에서는 서툴게 느껴지겠으나, 이 텍스트 속에 제시된 수많은 상관관계들은 수학을, 또는 수학을 활용하는 학문을 공부하고자 하는 학생들에게 용기를 북돋아줄 수 있다고 생각했기 때문입니다.

아직 공부를 마치지 않은 학생들이 처음 출판해보는 부족함이 많은 책입니다. 다만 이 스물여덟 명의 학생들이 살아생전 수학에 관해 고뇌한 흔적이, 비슷한 고민을 하는 누군가에게 도움이 되기를 바라며 그 흔적들을 엮어 세상에 내놓습니다.

전산학부 15 양세린

글에는 참 신기한 매력이 있는 것 같습니다. 만나보지도 못한 사람을 그 사람의 글을 통해 '경험'할 수 있기 때문입니다. 학생편집위원으로서 여러 학우들의 글을 읽고 다듬으며 각각의 글에 담긴 개성과 살아온 인생의 흔적을 조금이나마 마주할 수 있었습니다. 글에 녹아있는 글쓴이의 생각과 감정, 경험을 마주하는 것은 참으로 소중한 일이었습니다. 부디 이 책의 모든 글이 글쓴이를 마음껏 나타내길 바라며, 또 모든 독자들에게 그것이 잘 전달되길 소망합니다.

글을 쓸 수 있는 용기와 이렇게 소중한 책을 편집할 수 있는 기회를 주신 카이스트 인문사회과학부와 살림출판사에 감사의 말씀을 전합니다. 또한, 이 책이 탄생하기까지 보이지 않는 곳에서 조언을 해주시고, 더 멋진 책으로 완성될 수 있도록 도움을 주신 많은 분께 감사드립니다. 학우들의 투박하지만 진정성 있는, 세상에 하나밖에 없는 그들의 경험이 담긴 이 책이 독자들에게 조금이나마 용기를 주고 도움이 되었으면 좋겠습니다.

수리과학과 11 윤성준

하나의 완성된 책을 만드는 과정에는 전문 편집자분들이 글을 다듬는 세밀한 작업이 들어갑니다. 그 외에도 기획, 디자인, 인쇄 등 많은 분의 도움이 보이지 않는 곳곳에 숨어 있습니다. 저희 학생 편집자들이 한 일은 그중 원작자와 출판사를 이어주고 글들을 모아 구성을 짜는 것이었습니다. 이것은 책을 만드는 전체 과정에서 작은 부분에 지나지 않습니다.

카이스트 학생의 신분으로서 편집에 참여하였기에, 이렇게 편집자 개인에게 글을 쓸 수 있는 공간이 마련되었습니다. 다른 많은 분의 수고를 생각하면 책의 엔딩 크레디트에 제 이름과 후기를 떡하니 적는 일이 민망하기 짝이 없지만, 그저 저의 작은 참여로 글이 조금이나마 더 빛날 수 있도록 도움이 되었으면 좋겠다는 바람으로 열심히 편집하였음을 알려드립니다. 이는 모든 편집자분의 공통된 생각일 것입니다. 책 편집이라는 좋은 경험을 할 수 있도록 기회를 주신 살림출판사와 카이스트 인문사회과학부에 감사드립니다. 묵묵히 보이지 않는 곳에서 책을 만드시는 분들의 노고에도 감사드립니다.

물리학과 15 이서영

기막힌 우연이었습니다. 제가 원래 수강하고자 하는 과목은 '[HSS001] 논리적 글쓰기'가 아닌 다른 과목이었습니다. 하지만 해당 과목의 추가 수강 신청에 실패했고, 별수 없이 2018년 봄 학기에 HSS001을 듣게 되었습니다. 그리고 우연히 수강하게 된 그 과목에서 우연히 주제가 '수학'인 '내가 사랑한 카이스트 나를 사랑한 카이스트 글쓰기 대회'에 출품하게 되었고요. 그리고 우연히 수상하여 학생편집위원으로 활동하고, 결국 저와 동료들의 이름자가 찍힌 책이 나오게 되었군요. 돌이켜보면 참 신기한 일입니다.

하지만 정말 소중한 경험이었습니다. 다른 사람을 위한 '수학'에 관한 글을 쓰는 것부터, 글을 다듬는 것, 그렇게 모인 글들을 분류하는 것, 그리고 책의 제목을 고민하는 일까지 모두가 색다른 경험이었습니다. 하지만 무엇보다도, 다양한 의견을 나누었던 동료들과 조교님,

교수님을 만난 일, 그리고 살림출판사에서 좋은 책을 만들기 위해 노력하는 분들을 만난 일은, 다시 이럴 기회가 있을까 싶을 정도로 즐거웠습니다. 책을 위해 노력해주신 많은 분께 이 자리를 빌려 다시 한 번 감사드립니다.

기막힌 조건부확률을 뚫고 당신에게 도착한 이 책이, 당신에게도 부디 소중한 경험을 선사하길 바랍니다.

색다른 수학의 발견

펴낸날	초판 1쇄 2018년 12월 3일
	초판 4쇄 2023년 1월 16일

지은이	안정미, 박주호, 양세린, 윤성준, 이서영 외 카이스트 학생들
펴낸이	심만수
펴낸곳	(주)살림출판사
출판등록	1989년 11월 1일 제9-210호

주소	경기도 파주시 광인사길 30
전화	031-955-1350 팩스 031-624-1356
홈페이지	http://www.sallimbooks.com
이메일	book@sallimbooks.com

ISBN	978-89-522-4000-2 43410

살림Friends는 (주)살림출판사의 청소년 브랜드입니다.